你不努力

谁也给不了你想要的生活

杨红 著

中国水利水电出版社
www.waterpub.com.cn
·北京·

内 容 提 要

每个人都渴望获得成功，但是成功从来不是一蹴而就的。本书通过暖心励志的故事，有的放矢地鼓舞和激励年轻人不管得到生命怎样的馈赠，都要足够坚强地面对人生的坎坷，保有乐观的心态，守住自己的坚持。这样，他们才能拥有前行的力量，始终不忘奋斗的意义。

图书在版编目（CIP）数据

你不努力，谁也给不了你想要的生活 / 杨红著. --
北京 : 中国水利水电出版社，2020.12
ISBN 978-7-5170-9208-7

Ⅰ. ①你… Ⅱ. ①杨… Ⅲ. ①成功心理－通俗读物
Ⅳ. ①B848.4-49

中国版本图书馆CIP数据核字(2020)第235047号

书　　名	你不努力，谁也给不了你想要的生活 NI BU NULI, SHUI YE GEI BU LIAO NI XIANG YAO DE SHENGHUO
作　　者	杨红　著
出版发行	中国水利水电出版社 （北京市海淀区玉渊潭南路1号D座　100038） 网址：www.waterpub.com.cn E-mail: sales@waterpub.com.cn 电话：（010）68367658（营销中心）
经　　售	北京科水图书销售中心（零售） 电话：（010）88383994、63202643、68545874 全国各地新华书店和相关出版物销售网点
排　　版	北京水利万物传媒有限公司
印　　刷	天津旭非印刷有限公司
规　　格	146mm×210mm　32开本　7印张　163千字
版　　次	2020年12月第1版　2020年12月第1次印刷
定　　价	46.00元

凡购买我社图书，如有缺页、倒页、脱页的，本社发行部负责调换
版权所有·侵权必究

Contents
目录

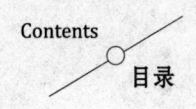

第一章 01

凡是有意义的事
都不会很容易

你那么年轻,怕什么"万一" _ 002

扛得住,世界就是你的 _ 008

你的不自律,正在拖垮你 _ 013

越没本事的人,越强调自尊 _ 019

真正的热爱是不计代价的 _ 025

你若不坚强,谁替你勇敢 _ 032

没有什么事是理所当然的 _ 037

你的价值取决于艰难时刻的选择 _ 042

CONTENTS

第二章 02

你一定要努力，
但千万别着急

你还年轻，随时可以重新出发 _ 052
只有很努力，才能活得丰盛 _ 056
未来的你会感谢现在拼命的自己 _ 060
你的抱怨正在"毁灭"你 _ 069
很多时候，你只是在假装努力 _ 073
你有多守时，就有多靠谱儿 _ 078
你所谓的稳定，可能是稳定地穷着 _ 084

第三章 03

让自己拥有
别人拿不走的东西

别让你的努力，最后都败给焦虑 _ 090

你口中的"不想要"只是因为得不到 _ 095

别忘了，你是活给自己看的 _ 099

你的坚持，终将收获美好 _ 103

你不积极，没有人替你主动 _ 108

真正主宰命运的人，从来不会放弃自己 _ 114

不逼自己一把，永远不知道自己有多优秀 _ 117

CONTENTS

第四章 04

这世间没有
不可安放的梦想

只有等你想明白，人生才算真的开始 _ 122

没有绝对的公平，只有绝对的努力 _ 125

梦想没有"赏味期限" _ 130

不是船长，也可以梦见大海 _ 137

人活着，总要有点儿奔头 _ 150

梦想就在你触手可及之处 _ 154

这世界辽阔，我们总会实现一个梦 _ 159

即使低到尘埃里，梦想也要高高举起 _ 163

第五章 25

总有一天，
所有人都会为你鼓掌

每一份付出都会被岁月温柔相待 _ 170

小欲望，小满足，才是大幸福 _ 175

闭上眼睛去奋斗 _ 180

岁月静好离不开砥砺前行 _ 184

以自己喜欢的方式过一生 _ 189

优秀的人，从来不会输给情绪 _ 194

十年后，你会成为什么样的人 _ 200

为平凡生活付出努力就是人生之幸 _ 205

第一章

**凡是有意义的事
都不会很容易**

你那么年轻，怕什么"万一"

01

前阵子，老家有个亲戚找到我母亲，说他的孩子想到北京闯荡，央求我给他介绍一份工作。热心的母亲便把我的电话号码给了他，让那个孩子亲自联系我。

当那个孩子打来电话时，我正在写稿。听完大概意思后，我告诉他："现在很多单位都用工荒，急需人手，只要肯吃苦就行。"

他听后大喜，急忙问我："那你准备让我去哪儿上班？累吗？忙吗？工资多少？管吃住吗？"

我一时语塞，好一会儿才缓过神来。随后，我告诉他："你只是初中学历，可选择的余地不是太大，而且无论我介绍你去哪里，都只是给你争取了一个面试的机会，只有面试通过了，才能去上班。毕竟，公司也好，工厂也罢，都不是我开的。"

他一听，情绪有些失落："这都不能保证，那还是不去了。万一面试通不过呢？万一去了不适应呢？白白花了路费不说，还耽误了这边的工作。"

挂了电话，我不知道还能说些什么。世界上哪有这么好的事情：合适的工作，不忙也不累，满意的酬劳，不用面试，一来就能上班。既然想闯荡，必然会遭遇挫折和失败，怎么可能一帆风顺？

没有迎难而上的勇气，没有破釜沉舟的决心，怕吃苦，怕受罪，被那个"万一"吓住了，那就索性窝在家里别出来了。

你自己都不敢放手一搏，谁会为你的人生打包票？

02

我想起了儿时的玩伴小艳儿，她阳光开朗，活泼好动，对任何事情都充满热情，但从不敢付诸行动，以至于事后常常懊恼："当初我要是勇敢点儿就好了。"

记得我刚考入大学时，因几分之差而落榜的她想复读，我说："那就复读呗。"

她又犹豫："还是算了吧，万一考不上呢。"

是啊，复读需要付出很大的代价，万一再考不上，不但浪费了复读费，还浪费了大好的时光。加上小艳儿有两个弟弟，孝顺懂事的她不愿再让父母做看不到回报的投资。

于是，高中毕业后，她便去了亲戚的服装店，帮忙看店。但她到底有些不甘心，总不能帮人看一辈子店吧。于是，她一直跟过去的同学保持着联系，试图寻找机会，另觅出路。看到闺密开了个小店，生活过得丰富多彩，她满眼羡慕。

闺密笑着说："要不跟我合伙做吧，反正我现在也缺人。"她低头笑着说："算了，万一亏了呢，我只能挣不能赔啊。还是踏踏实实地看店吧。"

看到同学到外地打工，小日子过得不错，她羡慕极了："帮忙看看有没有机会啊！"但当同学帮她问好了工作，欣喜地让她过去上班时，她又打起了退堂鼓："哎呀，还是算了。万一我不适应怎么办？"

看到同学考入了政府部门，端起了众人眼红的"铁饭碗"，她又羡慕："帮忙问问你们还招人吗？"可当同学让她准备公务员考试时，她又连连摇头："不行不行，我现在提笔忘字，很久没考试了，万一失败了怎么办？"

看到后来复读的同学都考入了大学，她懊悔不已："当初我要是跟你们一起复读就好了。"

后来，我管她叫"万一小姐"，因为听她说过太多"万一"。

在她摇头说"万一"时,时间已悄然过去了好多年。后来,听说她嫁人了,慢慢地就淡出了我的视线。现在,我和她早就断了联系,不知道她是不是还会经常说"万一"。

如果时光能倒流,不知道她会不会为那么多假想的"万一"后悔。

03

如果你赢得起却输不起,那么还没有开始,你就注定要失败。成功本来就不是一蹴而就的,成千上万的创业者,有几个人能成为总裁?不是因为看到希望才坚持,而是因为坚持了才会有希望。

我相信很多人都说过"万一",很多人也不止一次地听过"万一"。

备考时,他们心里想的是:"万一我努力了,还是考不好怎么办?那钱不是白花了吗?"

恋爱时,他们心里想的是:"虽然对方现在很爱我,但万一哪一天变心了怎么办?"

创业时,他们担心的是:"我付出了那么多心血和本钱,万一失败了怎么办?"

他们总是患得患失,畏首畏尾。考虑到"万一"是对的,因为做事情要有计划、有策略，要把后路想好，要尽最大的努力，做最坏的打算。但是，如果一直与"万一"纠缠不休，那么你注定一辈子碌碌无为。

每个人都有惰性，都习惯躲在安全地带里，不敢轻易突破。改变要付出代价，成功也是有成本的，如果人人都因为害怕"万一"而裹足不前，困在自己的舒适区里，那么这个社会将无法发展。

04

其实，你那么年轻，怕什么"万一"呢?

吴承恩五十岁左右才写完《西游记》的前十几回，后来因故中断了多年，直到晚年辞官回到故里，才得以继续进行《西游记》的创作；齐白石二十七岁才开始学画画，五十六岁后才大胆突破自己、转变画风，自此声名大振。如果这些人物还不够励志的话，那就看看我们耳熟能详的一些企业家：马云，三十五岁创建阿里巴巴；柳传志，四十岁创建联想公司；任正非，四十三岁创建华为公司；尹明善，五十五岁成立力帆摩托车配件所。

马云说得很对："成功的关键不在于年龄，而在于毅力和对机会的把握。"

雨果说："四十岁是青春的老年，五十岁是老年的青春。"那你现在才多大呢？二十岁？三十岁？还是四十岁？

无论你多大，请记住，精彩的人生才刚刚开始。如果你现在畏首畏尾，那么等到老的时候，就只能跟子孙感叹："要是我当年拼搏一把就好了。"

成功会在一次又一次的失败和挫折之后来临。当你翻越一座座山，跨越一条条河之后，无论是否能抵达自己的理想王国，你都会无怨无悔。因为正是看过了沿途的风景，你才有了不同的眼光与胸襟，有了不同的人生格局。

好了，就趁现在，趁你的太阳还在东方，趁你还唇红齿白、青春焕发，出发吧！要相信，一切皆有可能！

毕竟，奋斗的青春才最美丽，奋斗过的人生才更精彩。

扛得住，世界就是你的

01

有些人生活不如意或者不如别人幸福的时候，我们经常会听到他们这样抱怨："谁不想努力奋斗啊？谁不想让自己过得更好啊？可是这个社会本来就不公平，那么多人都走捷径，为何我非要按部就班、老老实实的呢？"

诚然，因为家庭等原因，一小部分人总是很容易就能得到很多东西，但这仅仅是极少数现象。而且，这一小部分人也不是随随便便就能成功，他们付出的努力往往比我们想象的多得多。我们要记住这样一个基本的事实：无论社会如何发展变迁，一个人的成功抑或堕落都是由他自己决定的，与这个社会的公平与否并没有必然的联系。如果到现在都不明白这一点，那么你生活不如意也就能够理解了。

我们承认这个世界不公平。是的，它并不公平。但正因为这种不公平，才会让那些足够努力的人看到希望，才会让那些被动拖沓的人止步不前。乐观积极的人总会笃定向前，只有那些懦弱懒惰的人才会找借口为自己的失败开脱。

02

我的闺密小蕊小时候很不幸，时下热门电视剧里的女主角简直就是为她量身打造的：父母离异，父亲再娶，后妈不喜，生母又身体不好，只能偶尔做点儿零工，家庭贫苦，母女俩相依为命。

不过小蕊并不抱怨，对于这一切都坦然接受。她的学习成绩非常优秀，性格也非常随和，追求她的人很多。按说她找一个家庭条件不错的男朋友无可厚非，这样不仅她自己的生活能好很多，还能让母亲尽快过上好日子。可是小蕊没有那么做，她选择了一种在别人看来很辛苦而自己却乐在其中的方式。

上大学的时候，为了补贴家用，她开始做各种兼职，同时，她的学业也没有落下，连续四年都拿到了国家奖学金，还拿了好几个有用的证书。在我们都忙着玩乐的时候，她早就为以后做好了准备。

大学毕业后，我们的第一份工作都很普通，而她却受聘于一家有实力的企业，听说还是那家公司主动签她的，让我们非常羡慕。

后来，她通过自己的努力步步高升，十年过去了，现在已经坐到了公司高层的位置，每年的股东大会上都能看到她忙碌的身影。现在她完成了从"穷丫头"到"凤凰女"的蜕变，成就了一段属于自己的传奇。

如果她当初没这么笃定，肯定不会有今天的成绩。

前段时间，她结婚了，对象是从大学就开始追她的Z先生。Z先生家庭条件好，对她也一心一意，这么多年从来没有变心。

私底下，我问她为什么到现在才嫁给Z先生。

她开玩笑地说："我要通过自己的努力证明是我下嫁给了他，而不是我攀上了高枝。"

小蕊就是那么要强，任何事情都要靠自己的努力去完成。她曾说"奋斗能让我切实感觉到呼吸的顺畅"，这句话激励了我很多年。

小蕊一直都是我最佩服的女生，她的经历在外人看来很辛苦，但我相信她的内心是极其踏实的。

努力或许不会那么快改变我们的生活，却可以提高生命的质量。

03

俗话说："三百六十行，行行出状元。"现在社会资源如此丰富，机会也遍地都是，你说竞争激烈，放眼望去没有方向，可即使挤不上独木桥，还可以选择游泳，不是吗？是一步一步前进，还是选择苟且妥协，都由你自己决定。你说周围的氛围不好，朋友们都不看书和学习，同事们也都得过且过，所以你才会被"拉下水"。但话说回来了，你连自己都控制不了，湿了鞋子还埋怨别人，最后除了欺骗自己，根本不会有任何益处。

人总要学着掌控和管理自己，面对诱惑，面对挫折，面对人性中的各种阴暗面，比如虚荣、攀比、贪婪、嫉妒、懦弱、懒惰、撒谎等，要勇敢面对并合理利用它们，只有这样才能让自己的人生朝着更好的方向发展。

面对困苦和挫折，你要有正视它、解决它的勇气。只要你能掌控自己的思想和行为，任何困难和挫折都只是暂时的。扛得住，一切便都是你的。

你必须懂得人生的意义是什么，懂得什么是善、什么是恶、什么是黑、什么是白，知道什么事情可为、什么事情不可为。犯错失败并不可怕，可怕的是犯错失败之后，你不敢从头再来，而且继续选择苟且，选择妥协。

其实所谓青春，不是比谁的颜值高、谁的衣服漂亮、谁的名牌多、谁的追求者众，这些东西只有那些内心浅薄、不自信的人才会特别在乎。现在很多年轻人很容易受到社会环境的影响，降低对自己的要求，不知道该在乎什么，不该在乎什么，长此以往，对于个人的发展是极其不利的。

年轻的时候，我们应该在乎的是谁比谁更刻苦读书，谁比谁更努力工作，谁比谁更相信未来属于每一个艰苦奋斗的人。我们不伤害别人，也不被别人伤害，懂得保护自己，不出卖自己的身体和尊严。所有的外界物质都是有价的，而自己的生命和尊严是无价的。只要你时刻都注意调整自己的心态，相信努力奋斗的意义，风雨过后就一定会有彩虹。

除此之外，我们不能被社会的眼光所羁绊，不能因为别人的负面评价就"破罐子破摔"，也不能因为生活的不如意、亲情的淡漠、爱情的失意或者友情的背叛就改变自己一直坚持的道路。只要道路是光明的，你就应该坚定不移地走下去。

将东西抛向高处，你要花费很大的力气，可是要将它向下扔就毫不费力了，人生也是如此。进步的道路总是艰难曲折的，退后一步却是那样容易。人的一生就是奋斗的一生，我们得控制自己对于安逸的贪念，迎着寒风坚定不移地前进。有时候苦难多一些，阻碍多一些，对一个人来讲未必不是好事情。

你的不自律,正在拖垮你

01

前段时间到外地出差,和朋友桐桐见了一面。

当我见到桐桐时,简直不敢相信自己的眼睛。只是一段时间不见,她就变得面容憔悴,蓬头垢面,腰身足足胖了三圈。明明才二十几岁的年纪,看起来却十分苍老。

桐桐耷拉着头,拿着勺子无力地搅拌着咖啡,整个人的精神状态非常不好。细聊之下才知道,她最近生活作息极不规律,三餐不定,经常熬夜看剧,每天都处于萎靡不振的状态中。

桐桐说,她每天都特别颓废。报了瑜伽班,也没去过几次;打算考编制,买回一堆资料后却迟迟没有开始学习;制定了读书计划,坚持了几天就没了下文。

桐桐坦言,她也想尽早改变现状,却总是有心无力。虽然计划减肥，却总也戒不掉那些高热量的甜食。她成天刷着手机无所事事，毫无人生目标可言，似乎除了放任自己这么萎靡下去以外，也没有别的办法了。

这样子的桐桐，映射了社会上很多年轻人的生活状态。他们处在人生的迷茫期，懒惰、自甘堕落、不思进取。他们明知道这种混乱无序的生活迟早会把自己给拖垮，却不想做出任何改变，活一天算一天，任由自己漫无目的地消沉下去。

02

最近和朋友阿萨聊天，他感叹说："真羡慕从事自媒体行业的人，平时写写文章，随随便便接一个广告就抵得上别人一整个月的收入了，也无须看老板的脸色，真好！"

听她这么一说，我忍不住想发笑。她压根儿不了解做自媒体的压力有多大。要经营好一个公众平台，并不如她想象的那般简单。纵观我身边那些做公众号的朋友，哪个不是没日没夜地写稿？

我认识一个做时尚类公众号的朋友，是个"拼命三郎"。每次朋友们约她出来聚餐，她都会以"要写稿"为由拒绝。久而久之，朋友们都知道她忙，也就默契地不再约她了。

这两年时间里，我看着她的公众号从寥寥几百人关注，到如今拥有上百万的关注，真心地为她感到高兴。从谈广告、找素材、写文章，到排版、校对，全都由她一个人包办。一个人代替了一支队伍。

"拼命三郎"的经历，让我想起德国哲学家黑格尔说过的一句话："一个自由的人是一个能用精神控制肉体的人，是一个能够使其自然的情绪、非理性的欲望、纯粹的物质利益服从于其理性的、精神的自我所提出的更高要求的人。"

03

日本设计师山本耀司，被誉为"世界时装日本浪潮的新掌门人"。他设计的服装，与主流时尚风格背道而驰，却备受世人的追捧。从受人冷落，到如今成为影响整个时尚界的设计大师，山本耀司用了二十多年的时间。

在二十多年的服装设计生涯里，山本耀司也曾四处碰壁：因名气不大而被杂志社拒绝采访，在巴黎时装周上惨遭滑铁卢，旗下公司因无力负担60亿日元的债务而申请破产。然而，即便面临种种挫败，他依然没有放弃他所钟爱的服装事业。

山本耀司有着很强的自律能力。他一直奉行"你的工作就是你的人生"原则，强迫自己把眼下的工作做完，从不期待有什么新鲜事发生。工作时，他不理世事，孤身一人在公寓里创作，只为了能设计出让世人惊艳的作品。

如今，77岁的山本耀司除了每天坚持工作外，还会抽出时间来练习空手道。山本耀司在40岁的时候开始学习空手道，五年后便获得了黑带段位，让很多年轻人都自叹不如。

山本耀司说："我从来不相信什么懒洋洋的自由，我向往的自由是通过勤奋和努力实现的更广阔的人生，那样的自由才是珍贵的、有价值的；我相信一万小时定律，我从来不相信天上掉馅儿饼的灵感和坐等的成就。做一个自由又自律的人，靠势必实现的决心认真地活着。"

没有谁天生就是优秀的。但凡优秀的人，都是凭着克制与自律，集中精力打磨自己的专业技能，一步一步地成为这个领域的专家的。

04

斯坦福大学有一个非常著名的"棉花糖"实验。实验者让孩子独自在一个房间里面对一块棉花糖15分钟。他们在离开之前告诉孩子："如果你忍不住可以吃掉它，但是如果你15分钟内不吃这块棉花糖，你就会得到两块棉花糖。"

那些没有在15分钟内吃掉棉花糖的孩子，他们的人生大多非常成功、幸福；而另外的那些孩子则过着相对贫穷、失意的生活，其中有不少人被酗酒、肥胖等问题困扰。

"棉花糖"实验说明：对一个人的成功来说，耐心和延迟享受是两个非常关键的因素。

《挪威的森林》中有一段绿子和渡边的对话：

> 绿子把搁在桌面上的两只手"啪"地一合，沉吟片刻，说："也不怎么样。你不吸烟？"
>
> 渡边："六月份戒了。"
>
> 绿子："为什么要戒？"
>
> 渡边："太麻烦了。譬如说半夜断烟时那个难受滋味啦，等等，所以戒了。我不情愿被某种东西束缚住。"

想起了大学室友廖欢，他就是一个高度自律的人。

当我们还睡得迷迷糊糊的时候，他早已起床到操场上边跑步边背单词；当我们在寝室里打游戏时，他一头扎进图书馆钻研学科；当我们无所事事地玩手机时，他在校外干着几份兼职的活儿。

当时的我们对廖欢的努力嗤之以鼻，觉得他活得太过紧绷。好不容易考上大学，脱离了父母的管束，就该放纵自己撒开了玩，只有这样才能把高中三年没玩够的时光弥补回来。

大学四年一晃而过。毕业那阵子，我们都对前途感到焦虑迷茫，只有廖欢顺利拿到了一家知名外企的录用书，年薪十几万，一跃跻身于精英阶层。

在我看来，所有良好的习惯，都源于日常生活中一点一滴的积累和坚持。短期内可能看不出显著的效果，但好习惯一定会在未来的某个时间点给予你相应的回报。学会自我管控，也就意味着抓住了掌握自己命运的机会。

不自律的人，只要遇到问题就会以逃避和拖延来应付，最终只会一事无成，更别提过上自己想要的人生了。

好走的路都不会是坦途。那些能走到最后的人，往往都是自律的人。他们有着很强的目标性，清楚自己当下在做什么，不会因无关紧要的事情而分神。

他们比谁都清楚，路从来不在远方，恰恰就在自己的脚下，是靠着一步一个脚印走出来的。

越没本事的人，越强调自尊

01

朋友杏子说最近心情很差，原因是被公司降薪调岗了。

杏子是公司的元老级员工，连续几个月职务考评不达标后，从主管降为专员，级别待遇和应届生没区别。

公司里流言四起，不少同事在背后说闲话。职级薪水的巨大落差，让杏子感觉自尊被深深刺伤，每天上班都打不起精神，在同事面前更是抬不起头来。

杏子为自己的遭遇愤愤不平，不停地抱怨："我为公司打拼多年，公司怎么能这样对我？"

我安慰她："在职场打拼，没有人会一直顺风顺水，难免有陷入低谷的时候，日后工作中有了良好表现，还是有机会再次被提拔的。"

原以为听了我这番话,杏子可以就此释怀了,但两天后,她竟然主动辞职走人了。

像杏子这种"玻璃心"的员工,我这几年见过不少。

在职场中,我们都渴望得到他人的认同,但有一部分人一旦遭到外界的否定或打击,就会感觉自尊心受损。这些人永远不懂得审视自身,总把一切问题归咎于公司的不公正对待,更有甚者会因放不下身段和面子,像杏子那样直接撂挑子走人。这种员工,即便跳槽到别的公司,自身的问题依然存在,事业上通常也不会有太大的起色。

没有一份工作是轻松的。当你面对职场冷遇时,不应过分感到委屈和不甘。只有自身强大,你才能够得到别人的尊重。

02

前段时间,认识了一个粤式餐厅的店长——刘姗。有一次跟她闲聊,她说起了自己以前在餐厅打工的经历,我听后对她佩服不已。

三年前,刘姗从乡下来到广州。文凭不高的她,应聘了一份餐厅服务员的工作。大家都习惯用粤语点餐,但她是外地人,经常在客人点餐时听错菜名,造成了不少误会,也因此被很多客人指责和谩骂。

当时她年轻气盛,满心委屈又无处宣泄,只能下班后躲在宿舍里哭。

为练好粤语,她特地买了台收音机,每天听粤语电台节目,勤加练习。一段时间下来,她的粤语发音越来越标准,工作时挨训的次数也越来越少。

当时,很多新人员工因工作没做好,又忍受不了客人的苛责,相继离职。她亲眼见过一个同事被客人指责了几句,一气之下把茶水泼到了客人的脸上。这个同事被领班拉到外面痛批了一顿,第二天就离职了。

这些年来,新员工走了一批又一批,最后只有她坚持下来了。因表现突出,她今年被提拔为餐厅店长,管理着一个12人的团队。

从事服务行业的这几年,她深知时刻掌控自己的情绪有多么重要。

无论受到何种委屈,都不要轻易地表现在脸上,这是一个成熟的职场人应该具备的素质。

03

几年前,我在工作上遇到了难题,于是发微信向一位前辈请教。

消息发出去后,我攥着手机傻傻等了半天,最终也没等来回复。但我意外发现,在这期间,这位前辈发了朋友圈。

那一刻,我深深地感觉自己受到了怠慢和无视。我气急败坏地把我们两个的对话全部删掉了,并在很长一段时间内没有跟他说话。

这也是很多职场新人的通病,一旦遭到拒绝,就心里难受,觉得自尊遭到践踏,再也没有脸面去请教别人。究其原因,无非就是自尊心太强。

TED演讲《脆弱的力量》中指出:"脆弱是耻辱和恐惧的根源。面对这些不舒服的情感,当你选择逃避的时候,你同时也失去了感知美好的能力。"

我们在生活中会遭遇无数挫折和烦恼,切忌轻易否定和麻痹自己。只有直视内心脆弱,真诚地接纳它,才能把这种脆弱转化成一种催人奋进的力量。

04

电影《当幸福来敲门》中有个片段,男主角克里斯在应聘一份股票经纪人的工作时,被面试官高声嘲讽道:"如果有个人连衬衫都没穿,就跑来参加面试,你会怎么想?如果我最后还雇了这个人,你又会怎么想?"

只见他沉吟片刻，随后机智地回应道："那他穿的裤子一定十分考究。"

最后，克里斯如愿以偿地获得了这份工作。

如果当时克里斯在面对面试官的冷嘲热讽时，觉得有损自尊，愤而离去，那就意味着他将与这份工作无缘，日后也就不可能成为百万富翁。

一旦遭遇挫折与指责，就把其视作一场躲不开的灾难，脆弱而敏感，深陷于自怜自伤的状态中，最终只会在自我完善的道路上停滞不前。

世界上没有一份工作是不委屈的。与其终日聚焦于失落的情绪，不如集中精力专注于改变现状。

当你在职场上遭遇情绪问题时，首先要反思："是不是我做得不够好？我该如何更好地解决问题？"找准方向，制定一个长期的目标，然后集中精力去完成你认为重要的事情。如果你终日纠结于一些无关紧要的琐事，那么你将难以专注地去解决实际存在的问题。

认识到自身的不足，明白纰漏和不如意在工作中总是不可避免的，想办法逐一完善和解决它们。在完善与解决的过程中，你将会得到一种踏实稳定的成就感。

学会屏蔽外界和情绪对我们的影响，即便面对各种讽刺和质疑,也要保持内心平和。只有培养深度而健全的人格,才能让自己有能力抵御职场上的一切动荡与伤害。

　　一个人能承受多大的委屈和压力,决定了他能走多远的路,以及能取得多大的成就。

　　人生漫漫征途,何必因为他人的几句狠话,就轻易缴械投降呢?

真正的热爱是不计代价的

01

我有个前同事叫小程,大家给她取了个外号叫"不是我姑娘"。之所以这么叫,是因为她在日常工作中说得最多的一句话就是"不是我"。

她所在的部门里,每次出现了什么工作失误,不管大小,也不管公司追责与否,当领导询问失误原因时,她脱口而出的第一句话就是"这件事不是我干的,跟我无关"。

她是一个看起来行事非常有原则的员工。她绝不会花业余的时间在工作上,更别提为了工作提升专业技能了。用她的话讲,公司并没有多给她一分钱的工资,她只要做了该做的事情就行了。

有一次,小程的某个请求被公司拒绝了,她就去找拒绝她的部门负责人辩论，要向对方当面证明她的才干。她在电话里的语气极为不善，话语还算文明，但腔势很像"骂街"。她说她一定要赢。当然，最后她也赢了。

她告诉我们，绝不能吃亏，绝不能让步，绝不能牺牲自己的利益，据说这是强者的要素。

反观同一个部门的小令，平时看起来很沉默，但工作时却异常认真，从不偷懒。她学历不高，唯一的优势就是做自己喜欢的事时有一种不计代价的热情。公司是做文化产业的，她告诉我们，能做这份工作她特别开心。我们也能感受到她的这份工作热情，因为除了上班时间外，小令下班后、周末休息时都在看书。就连浏览网页也是在阅览和文化产品有关的各类文章。别人提过的知识，若是她没听过但是感兴趣的话，她一定会老老实实地去把一本厚厚的书一页一页地读完。

除此之外，她还会主动去给公司各个部门的同事帮忙，有时帮忙的过程中不小心出了差错，领导批评她她也不辩驳，倒是同事自己觉得不好意思，主动来安慰她，她又会笑着说："没关系，能学到自己想学的东西，提升自己的能力，比什么都强。"

一次，她们一起争取一个国外项目的产品方案策划时，有学历、有手段的小程却败给了小令。后来项目方告诉我们原因，小令对她做的东西投入了极大的热情，这种热情是从她每个毛孔里渗出的，有感染别人的能力，所以他们相信小令会在这条路上不停地走下去。而小程，只是在用商业眼光中的所谓好的标准打造自己的方案，这样是做不出来真正的好东西的，因为她对待这份事业，用的是策略，而不是发自心底的热爱。

02

小程和小令的事，让我联想到一个老朋友珊珊。

她在创业之初，只是她们公司的一个小股东，公司好几次面临灭顶之灾时，都是她主动把责任揽在自己身上，顶住了压力。公司没有资金了，她不计代价，拿自己的钱继续投入；产品没有销路了，她主动跑了一家又一家下游公司去推销产品；品牌技术落后了，她每天都在联系相关院校，想办法聘请技术人才。

大约是天道酬勤，几次试错之后，公司终于开辟出了一条受消费者欢迎的产品生产线。可我发现，即使公司盈利了，她仍然是又当老板又当员工，常常一碗豆腐白菜就对付了两顿正餐。我从来没听她说过："这件事不归我管，你找别人帮你看看吧。"凡力所能及之处，她总是身先士卒。

更重要的一点是，虽然忙得脚不沾地，又出钱又出力，但她从不会抱怨。问她原因，她说，因为做事本身能够带给她很大的快乐，她不是为了钱，而是为了兴趣和爱好在做事，自然也不会有那么多烦恼了。

珊珊的行事风格，常常让我想起一个要拉我入伙创业的前同事。当时我委婉地拒绝了他，因为一起工作的时候，他就没有承担风险的勇气，主动为工作付出的热情，更遑论创业每天都要面临的各种烦琐程序了。

他缺乏对事业的热情，只有一颗渴望一夜暴富的野心。

03

这几个人的境遇，让我想起了一句越来越少被人提起的俗语，即"失败是成功之母"，很多人告诉过我们，不要害怕失败，因为只要尝试过，就能获得一些经验。可从那些真正对自己的兴趣爱好热情投入的人身上，我明白了，对有些人而言，成功是必然的。

很多时候，所谓的"精英"教育，无非是让我们做一个精致的利己主义者，若是没有清晰可见的经济价值，就不要去投入一件事。人与人之间的交往，是利益的博弈，需要有清晰可见的互利远景。

其实，这是把生活简化后的粗暴认知。这个认知最大的问题,就是只看到表象而忽略事物之间的内在因果。一入职就想着创业当老板,见了客户就想拉人脉创业,一下基层就想着被破格提拔,还没有脚踏实地就想着一本万利。

这其实是一种典型的把目的和路径混淆的做法。要实现真正的成功,我们首先要热爱一件事,我们把它做好了之后,才有可能获得意想不到的金钱和财富。

明白了这个顺序的人,不仅会成功,还能一直成功下去。

我一直觉得,人生是个完整的过程,每个自我成长的人的思维和看法都是分阶段的。摆脱表象认知和固化思维的关键,是基于对社会规则的深度理解。所谓的成功,应该是一个人不断努力后形成了一套完整的进阶体系,而不只是某个单点的偶然因素。所以,我们需要持续为自己所做的事情投入热情、精力和时间。

真正的热爱是不计代价的,要投入大量的时间,还要敢于承担努力之后有可能会输的后果。只有这样,才能把刻意的努力变成根植于内心深处的日常。

很多人心里都知道要自律,可是他们无法长时间、持续地为这件事投入热情,无法鞭策自己要在这件事上不停地努力,因为他们对自己所做的事情并不认同,也不是发自心底地热爱它。

对工作有兴趣的人做好这件事的概率远胜过那些只把工作当工作的人。为了挣钱而挣钱，为了做一件事而做一件事，结局多是悲剧。

04

有人说，其实家长最应该告诉孩子的不是让他们赢，而是让他们热爱。热爱的重要表现，是即使知道自己会输，也绝不能因此而停止努力。努力把事情做好的心态，必须根植于内心深处的热爱，这样才不会变成"三分钟热度"。所以，我们首先应该培养的，是我们对某件事的热情。

曾经有个人请李安鼓励一下当下那些喜欢电影，准备从事导演行业的年轻人，没想到一向温和的李安严肃地说："如果一个人真的深爱这个事业，他不会需要别人的鼓励才能把自己的梦想坚持下去。如果没有这种热爱，那这个人还是趁早改行，因为他如果有这样的想法，就无法成为一个好导演。"

那种渴望一步抵达成功的人，他们爱的只是功成名就的结果，并且把这个结果混淆成了自己对这件事的兴趣。他们渴望省略掉努力的过程和付出热情的成本，希望用1%换取100%，想用十个月完成需要十年才能完成的事情，这些人因为缺乏热爱，从不认为努力的过程是快乐的。

所有的半途而废，都是因为他们爱的不是事件本身，而是附着其上的名利。有一句话叫"不疯魔，不成活"，很多事情，只有爱到疯狂的人才能做成。只有不计代价、不问前程的投入和付出，才能最大限度地成就一个人。也许，在这个时代，最好的领跑者都曾经体悟过这种"疯魔"般追梦的快乐，而挣钱往往只是他们在投入自己爱好时所带来的副产品。

你若不坚强,谁替你勇敢

01

有一天,与朋友妙妙聊天时,她对我倾诉了自己的不幸,她说她的未婚夫一直都是她的骄傲,可现在她觉得未婚夫不爱她了。

妙妙天生就是一个非常敏感的人。她很小的时候,父母就去世了。她由爷爷奶奶带大,没有什么朋友,一直都活在自卑中,直到遇见了她的未婚夫。

她原本指望着未婚夫能给她更好的生活环境,给她这么多年来未曾有过的温暖。为了不再受到别人的冷嘲热讽,她甚至提前很长时间就公布了自己的婚期。可眼看着现在自己再一次成了笑话,她欲哭无泪。

当然,以上都是她的一家之言,因为她生性敏感,我也不好多说什么，就问她到底是怎么回事。

几经询问之后，我才知道原来不过是两个人吵了小架，未婚夫还在赌气中，一副懒得搭理她的样子。这让妙妙产生了错误的判断，开始胡思乱想。一想到这段关系如果终结，自己就会彻底沦为笑柄，她几乎失去了理性，像无头苍蝇一样到处乱撞。

我想大多数人都有过类似的经历，你想把所有的希望集中在一件事情或者一个人身上，希望通过那件事情或者这个人的成功改变你的现状，向亲朋好友证明自己并不是他们想的那么不堪。可最终的结果却是，事情以你意想不到的速度向相反的方向发展，最后黯然收场。面对这样的事实，除了尴尬，更多的是无奈，觉得自己越来越像个笑话，好像所有人都在嘲笑自己。一想到这些，就难过得发疯，觉得自己快要活不下去了，甚至幻想可以凭空飞来一个UFO，把自己毫无痕迹地带走。

那种沮丧崩溃的情绪像是得了一场重感冒一般，压得我们透不过气来，我们开始懒得出门，不愿意见任何人，只想把自己深深掩埋起来，躲在一个没有人知道的地方孤独终老。从此之后，我们变得畏首畏尾，瞻前顾后，自卑抑郁，生活糟糕得不成样子，对于一切事情也都提不起兴趣来。

可是亲爱的，生活不可能一直按照我们想象的样子呈现在我们的面前，大部分时候我们看到的恰恰就是相反的方向。所以每个人都会怀疑自己，都在小心翼翼地维护自己的形象，生怕稍微一个不注意就沦为了别人的笑柄。其实，你没有必要为了一点儿小事就否定你自己，就放弃对生活的热爱。如果你不够坚强，没有人能替你勇敢。

02

作家张德芬说："亲爱的，外面没有别人，所有的外在事物都是你内在投射出来的结果。"不是世界选择了我们，而是我们选择了世界，我们相信什么，就会下意识选择什么。所以，生活中遇到的大多数不顺利，有时只是我们的内心出现了偏差，蒙蔽了我们的双眼。

比如，看到某某斜睨了你一眼，你觉得他是瞧不起你，想冲上去与他理论，但最后却发现，那不过是他的习惯性动作，并不针对任何人。

又比如，有一件事你总是不能很好地完成，请求朋友或同事帮助。他们的声音很大，还有点儿不耐烦的样子，甚至有些人还会不经意地溜出一句抱怨："笨死了，这么简单的事情半天都学不会！"其实那不过是他们无意间的一句口头禅，或者是无心的顺口嗔怪，并无其他感情色彩，你根本无须在意。

同样的一个眼神，有的人看到的是同情，有的人看到的却是讥笑；同样的一句"你好笨"，有人心泛甜意，有人却心生恨意。同样的一件事情可能会朝着两个甚至多个截然不同的方向发展，这其实是再正常不过的事情。张德芬老师说得很对，外面没有别人，所有的一切都是你内心的折射和臆想。你要学会坚强，学会勇敢面对生活中遭遇的种种不愉快，别让坏情绪影响你的生活。

03

　　女人总是想得太多，有时候问男人想吃什么菜，换来一句"随便吧"，她就会暗自伤心，揣测他到底是什么意思——是对我没耐心了？不喜欢我了？还是他喜欢上别人了？最后发现什么事都没有，一如往常。这就是女人，情绪里百分之九十九都是多余的"水分"。所以遇到让自己崩溃的事情，我们首先要学会抽丝剥茧，找到并解决最关键的那百分之一就可以了。其余的都是我们自己强加上去的情绪渲染，与事情的本质并没有太大关系。

　　有时候你觉得外界嘲笑、讽刺、打击、踩踏你，那其实都是你的内心出了问题，是你夸大了外界的压力，低估了自己的能力。这个世界每天这么忙，大家连心平气和地好好吃顿饭都来不及，哪有时间去关注你，在乎你是成功还是失败呢？只要你自己过得坦然，就无须理会别人的眼光。

我就是用这种方式跨过了每一个绝望的深渊，一步步走到现在的。

只要自己看得起自己，这世界就没有人笑话你；只要你没被自己打败，这世界上就没有人能打败你。你拥有世界上最坚硬的铠甲和最锋利的长矛，不论遭遇多少坎坷，或是面临深渊和沼泽，你都可以所向披靡。

遇到了令自己不快的事情，不要急着发飙，也不要刚开始就气馁、妥协，先静下心来想一想到底是事情没有成功让你难过，还是你觉得因此丢了脸，查看一下是不是自己的内心出现了偏差。只有这样，好运气才会一直伴随你，你才会更容易获得你想要的幸福。

不久之后，妙妙如愿地结婚了。她乐呵呵地说："以前自己太敏感了，稍有风吹草动就觉得天旋地转。现在才发现，那都是自己泛滥了情绪里的'水分'，差点毁了自己一生的幸福。"

有时候就是这样，我们需要挤掉自己情绪中没有用的"水分"，让自己坚强到可以独自面对这世事无常。没有人能替你勇敢，除非你自己坚定不移。

没有什么事是理所当然的

01

桑毕业了。由于大学时只顾吃喝玩乐,她并没有真正学到什么东西,再加上学校和专业都没有优势,所以一直没有找到合适的工作。

退休的父母不想给她压力,就安慰她:"没事儿,工作慢慢找,爸妈有退休金,一样可以养你。"

于是,桑便心安理得地在家做起了"啃老族",而且还是个花钱大手大脚的"啃老族"。她每天上午睡到日上三竿,下午出去逛街、购物,晚上跟朋友出去玩儿,丝毫没有要出去找工作的意思。

天天如此,周周如此,月月如此。大半年后,父母终于着急了,开始旁敲侧击地问桑:"有没有投递简历,到处看看?"

桑敷衍说没有找到合适的。

父母便开始帮她找工作，可是她要么嫌工资低，要么怕辛苦不肯去，依然得过且过的样子。面对这种情况，父母不好直说。眼见退休金不够花，父亲便重操旧业，偷偷去给一个公司做账，以补贴家用。没想到，公司到了年底要核账，事情非常多，而父亲年纪大了，又连续加班，突发脑血栓，被紧急送往医院。外地的姐姐得知消息后赶了回来，这才知道妹妹一直靠着父母生活。本来，父母的退休金可以勉强供老两口生活，再多一个人，就捉襟见肘了，可年迈的父亲心疼女儿，只得重操旧业。

看着躺在床上昏迷不醒的父亲和在床边无声哭泣的母亲，再看着着急的姐姐为了生病的父亲忙前忙后，桑羞愧不已。

父亲虽然捡回了一条命，但就此半身不遂，瘫痪在了床上。姐姐拉着桑，来到父亲床前，指着父亲对她说："现在你还觉得待在家不工作是理所应当的吗？"桑失声痛哭，答应姐姐明天就去工作，再也不挑三拣四了。

02

我在南方时，在一家公司待过。有一年，公司来了一个新同事，叫照照。

照照刚大学毕业，不仅长得漂亮，而且气质很好，情商很高，很有女人味，一下子就吸引了所有男同事的目光。

在公司里，适龄未婚男青年颇多，个个就像见了花朵的蜜蜂一样，将照照团团包围，纷纷使出浑身解数献殷勤。而照照自然也非常受用，便像安排值班一样依次和他们约会，不仅接受A君的示好，不拒绝B君的追求，还爱跟C逛街，让D陪着自己去看电影……

她在公司里活得很惬意，什么事都不用自己动手：领导安排的工作有人帮忙做，热水有人帮忙倒，早中晚饭有人帮忙买，每周有人送花，衣服也从来没自己买过。

我有一次忍不住提醒她："这样不好吧？"照照白了我一眼："都是他们心甘情愿的，我又没有勉强他们。"

看着照照心安理得的样子，我们这些自知姿色不如她的女孩都很羡慕，而公司一个老大姐笑道："别着急，哪有那么多理所应当的事。看着吧，迟早得出事。"

果不其然，有一天，东窗事发了。

照照跟A手拉手逛街时遇到了B，而C和D也都在不同场合遇到过他们。

A骂她水性杨花，B骂她朝三暮四，C收回了所有礼物，D更绝，直接赏了她一巴掌，因为D用情最深，已经准备带她去见家长。B和C为此还大打出手，惊动了老总。一时间，各种流言蜚语都起来了，所有的矛头都指向了照照。而照照则像一朵枯萎的玫瑰，再也提不起精神，不到半年，便提出辞职，离开了公司。

照照不明白的是，这世间并没有什么是理所应当的。你心安理得地接受了别人的好，却一点儿都不想付出，不出问题才怪。

03

去年，我曾经介绍新同事小里去我姐姐家借住。小里来自贵州，人长得漂亮，也很会说话，每每姐姐长、姐姐短地叫着，都让我和我姐姐非常受用。但自从住到我姐姐家之后，她就"原形毕露"了。她俨然是住进了宾馆，睡衣不带，洗漱用品不带，被子不叠，床上乱得像个狗窝，满地都是梳头时掉落的长头发，还毫不客气地用我姐姐的所有洗漱用品和美容用品，就连睡衣也是跟我姐姐借的。

我姐姐觉得她一个人在北京也不容易，每次都留她在家里吃饭。她客气了一次后，就觉得理所应当了。每次吃完饭，把碗一撂就走人。到了单位，还当着领导和我的面埋怨我姐姐做的饭不好吃。

由于是我介绍的，我姐姐不好意思发作。一个月之后，我姐姐实在忍不住了，将她的所作所为原原本本地都告诉了我，还说，自从她住进来之后，什么东西都没买过，而且一点儿也没有要走的意思。

不得已，我只好问她："一个多月了，找到房子了吗？"没想到，她脸色突然变了。

我姐姐终于忍无可忍，找了个理由，将她请出了家门。之后，我和我姐姐都成了她的仇人，她在单位见了我视若无物，在街上遇到我姐姐也低头绕着走。

小里生气，是因为她错把别人的好意当成了理所应当。

04

这世界上，从来就没有无缘无故的爱，也没有无缘无故的恨。没有谁应该怎样，没有谁是欠你的。

就算是你的亲生父母，也只有将你抚养成人的义务，没有养活你一辈子的责任，更何况其他人。

权利和义务永远都是对等的，你想享受什么样的权利，必定要承担什么样的义务。

小时候，父母对你的好是义务，等你长大后，你的义务便是对她们好。别人不帮你，是本分，帮了你，是情分。别人对你好，你要懂得感恩，并尽量予以回报。

你的价值取决于艰难时刻的选择

01

有一个很具代表性的问题:为什么有些人能承受生活苦难的压迫,却不愿意主动去吃学习的苦?

在这个问题下面,我觉得最好的答案是这个——生活的苦是被动的,你只能承受;而学习的苦是主动的,你可以选择吃或者不吃。

我们中的大部分人都习惯于停留在舒适区内,因为他们没有主动选择吃学习的苦,所以才有了后面被动承受的苦。

的确,在生活舒适的时候选择主动吃苦,对于大部分普通人而言太难了。在舒适时刻作出正确选择的人,都是反本能的,都是有着超强心智的。

说到反本能的心智，我想起曾经在某网站的节目中，看过一个关于普通人在这个时代如何"逆袭"的访谈。

接受访谈的几个人都是成功人士，其中有一个尤其令我印象深刻。

他说，其实他"逆袭"的原因很简单，就是他总是作出和大多数人相反的选择。

当年，其他同学毕业后，都急切地想要回馈父母。这种想法原本是再正常不过的，因为举全家之力供出一个大学生本就不是一件容易的事情，可正是这样的想法，局限了他们自己的思维，让他们的发展始终跳不出原生家庭的圈子。

当时大部分同学的思维都是这样的：爸妈供自己读书不容易，好不容易毕业，终于可以赚钱了，可以反哺自己的家庭了。

他的想法却与那些同学不同。

考虑到自己出身农村，若他只从眼前的困境出发去思考未来的发展路径，几年之后可能还是只能回到原点。想要获得更大的职业竞争力，必须从长远规划的角度出发，增强整个家庭抵御风险的能力。

他综合比较分析之后，决定去寻找有更多发展空间的工作。

关于第一份工作，他最在意的是工作之余还有没有时间去学东西。

为此，他拒绝了很多薪资高但是工作节奏比较紧张的工作，选择了一份薪资适中，但业余时间充足的工作。

看到很多同学都一脸兴奋地向父母上交自己的工资时，他心如磐石，并没有着急把钱交给父母，而是继续用来拓展自己的技能。

他说，毕业后的那几年很关键，这几年其实是人生的加速期，在这几年里，最重要的事情是要学会检验和完善自己在学校里学到的理论，同时避开刚入社会时，因学校管制松懈后外界的狂欢与浮躁对自己带来的干扰。

毕业后的三年里，他在工作之余学会了计算机编程技术。后来，他靠着这个编程技术进了一家国内知名的计算机公司，年薪约七十万。

02

谈到这里时，主持人和他开玩笑说，这个时候你的父母应该觉得松了一口气吧。

他笑了，父母对他的未来是松了一口气，但对他们自己的未来还悬着心呢，因为他这个阶段，还是没有回馈他们。

主持人问他为什么，他说，他又一次作了一个"非主流"的选择：他趁着房价不高，用攒下来的工资付了一套房子的首付，然后又用部分存款给父母买了价格不菲的商业医疗保险，规划好了父母生病养老的问题。

剩下的钱，他全部用作了自己的学习成本，在职读完了研究生，接着又考上了博士。因为自己有IT行业高薪攒下的积蓄，所以他的经济压力小了很多，可以安安心心地做科研。

当他的很多同学因为年纪渐长，在工作上因为透支身体而逐渐呈现疲态时，他已经不再需要做持续熬夜加班的计算机工作，而是靠自己的科研成果升上了大学副教授，在不降低生活质量的前提下换了一份轻松的工作，因此他的精神状态看起来很好，而且业余时间充足。

在经济上，当他的众多同学深陷在小家和大家的两头开销里时，他给父母买的高额商业保险却在这时显现出了良好的效果，让他不至于因为需要负担两个家庭的巨大开销而感到捉襟见肘。

他说，其实他的很多同学毕业后，都是为了求职而求职。有些专业成绩不错的，看到某个单位待遇好，就急哄哄地跳槽；有些不擅长某个领域的，因为对方提供了一些微薄的福利，就抱着试一试的心态在单位里混日子；还有一些明明待在企业里会有更大发展前景的同学，却为了追求父母口中的稳定，选择了毫无技术含量的闲职，有点儿空闲时间就打游戏。几年后他们再抬头看世界的时候，才发现自己早已被世界远远甩在了身后。他们从同样的学校毕业，因为不同的职业选择，获得了不同的人生际遇。

03

那些迫切求职的同学，大部分从学生时代就背负着极大的心理负担和道德束缚。他们一毕业就盲目追求"看起来的经济独立和自信成熟"，着急忙慌地参加工作，急切地希望回馈父母。

他们之所以呈现出这样的状态，就是因为他们所有的决策都只是为了满足眼前的需求，而不是从长远出发做整体规划。其实在刚毕业的几年里，父母尚有劳动能力，并没有到亟待孩子必须回馈的地步。而处于发展关键期的孩子，一旦错过了职场上自我提升的机会，就无法再回头。

很多时候，人顺从了某些情感需要，便会给自己的人生规划埋下隐患。如果我们迫切地想要证明自己的存在价值，想要用物化自己的方式把曾经为学习投入的成本快速变现，那么，这种固化思维带来的惯性，会让我们在本该需要调用理智进行长远规划的时候，却被情感俘获，毁掉自己的前程。

如果延迟一下学习的回馈期，不急切地满足自己一毕业就去回馈父母的那种与生俱来的道德感，而是静下心来分析一下自己更适合做什么，就不会因为快速变现而减损自己本来更应该去实现的人生价值。

如果抛弃限制我们的固化思维，更清醒地面对自己所处的世界，拒绝满足眼前的舒适，忍一时之痛而得今后之安逸的话，我们就不会只能一直被动承受生活的压迫。可惜，固化思维带来的惯性，让我们习惯了被动接受世界或是他人的要求，一旦需要我们自己作决定，大多数人都没有主动反本能的勇气。

04

有一个朋友对我说，当我们作为学生喊口号时，都误认为自己已经明白我们更应该做的是"重要但不紧急的事情"，但在人生的旅程中，我们常常会本能地用自己情感的惯性去处理事情，优先选择做那些"紧急但不重要的事"。因为以这样的选择去处理一件事，是大多数人的本能。

但只要仔细观察，我们就会发现，很多优秀的人，正是因为反本能而优秀。反本能里有一种自我克制，这种克制是分析后的结果，包含着高级的理智思维。正是这种更高级的理智思维，决定了我们的人生价值，因为它代表着我们观察事物的眼光和思考问题的深度。

可是，正因为反本能的选择大多太过艰难，所以绝大部分人都做不到。

其实，如果我们愿意把目光放得长远一些，从整个人生层面剖析自己，提升自己的思维格局，我们就会看到，人生的很多优势，就在于我们作出先人一步的反本能选择。一旦我们始终顺应本能，无限放纵欲望，我们的人生就会如同多米诺骨牌一般，产生一系列的连锁反应，永远被动地处在一种追赶命运脚步的状态里。

而这一切问题的源头，其实还是我们的认知出现了偏差。我们难以跳出当下本能需求带来的思维格局，看不到未来的隐患，总是依照惯性来作选择。

能不能清醒地看到以后的方向，能不能明白当下什么最重要，都呼应着我们反本能的高级心智。

因为，真正决定我们的价值的，是我们能不能在命运的关键点上成为自己的高级决策者。在这些关键时刻，我们需要运用更高级的理智思维，需要摒弃本能中的那些惯性。它是如此痛苦，如此违背惯性，因而也就注定了能做到这个层面的人永远都是少数。

当我们明白了这一切，在需要作出选择的时候，就可以刻意提醒自己，不要只依照本能和情感去做事，一定要综合所有条件，考察这项决定到底符不符合我们长远规划的需求，到底会不会影响我们实现自己的长远目标。只有这样，我们才不会错过提升自己竞争力的最佳时机，也不会再三地将自己陷于不停追赶命运的被动境地。

第二章

你一定要努力，
但千万别着急

你还年轻,随时可以重新出发

01

了解"时间根本无法左右你的脚步"这个道理,是有一年在大英博物馆里参观的时候。

在博物馆里,除了那些精美绝伦让人赞叹不已的藏品与川流不息的游客,还有一些对着藏品临摹或记录的本地人。他们大多是年轻学生,三五成群地凑在一起,也有少许白发苍苍的老人。这些老人,有的对着佛像勾勒临摹,有的对着几百年前的首饰深描浅绘。时间在他们的皱纹间流转,他们神色和缓,神态自若。

因好奇前去和其中一位老人攀谈,才得知雕塑是他的业余爱好,所以经常会来这里临摹写生。他对这里的每一尊佛像都了如指掌,连每尊佛像背后的故事也一清二楚。除此之外,他还谈起他的梦想,就是要成为世界级雕塑家。一个年过半百的人打算在他剩下的时间里站上艺术殿堂的顶端。看到我有些吃惊的表情,他一点儿都不意外,自嘲说:"人们以为我老了,可老了的我依然拿得起笔,依然雕得动模子,和年轻的我有什么分别?怎能因为上了点儿年纪就停下呢?"

从没想过,有一天我会惧怕时间。惧怕时间是随着岁月流逝而发现身体渐渐衰老以后的事情。过了20岁,记忆力开始下降,精力也不如以往,通宵工作之后再也不能睡几个小时就原地满血复活。这是时间给你的警告,它正在带走那个年轻而活力四射的你。年月直接影响的并不是你的意志,而是你的能力。幼时读书,只读一遍故事情节就能记得一清二楚,可是成年以后,情节却常常记得混乱一片;要识记的知识,背了很久也只是暂时记忆;更糟糕的是,这时间却成了一件稀缺品。所以我所见的年轻人,大多抱着一颗惶惶不安的心,要么步履紧张地想要抓住青春的尾巴,把自己的梦尽可能早地握在手里,要么在犹豫和胆怯里兜圈子,直到夕阳落在了肩头,又只好把一切推给时间。

可时间,真有这么大的魔力吗?

面对岁月,不同的人有不同的"煎熬"方式。有的人一生都在赶时间,每天急匆匆,想在最短的时间内收获最大的利益;

而有些人，并不愿追赶什么，一步一个脚印，最终竟也积聚了令人艳羡的成就。

好像是岁月与人故意开玩笑一般，你把时间看得太重，它就跑得飞快让你焦虑；倘若你把它看得很淡，它就静静地陪在你身边，看着你一点点地前进。

02

德国朋友曾跟我分享过她母亲的故事。她母亲年轻时喜爱艺术，但家庭的重负没能让她实现自己的艺术梦。那个梦种子似的被她埋在心里，把孩子都拉扯大了以后，她竟然跑去大学里念艺术鉴赏。她的儿女们开玩笑说："怎么能和孙子辈的人坐在同一班教室里做抢答题呢？"她却一本正经地说："除了我自己，谁也没权利决定我的年纪。"

或许正是因为老了，心态反而开始了逆生长。或许已经处在并不早的时间节点上，才更能明白"什么时候开始都不算晚"这个道理。相比之下，年轻人却未必能拥有这种洒脱。他们忧虑的是明天，是下一步要踏的路，是所有的不确定里任何可能导致失败的微小因素：因为要走的路还很长，因此任何一个岔路口都必须小心又小心。可是呢？因为担忧而失去了行船的勇气，这又何尝不是一种失败？

我也曾站在老去的时间线上惴惴不安，忧虑当下的选择，担心未来的结果。直到有一天我读到朋友分享给我的一段话：有人替我们算了一道数学题，假设一个人今年24岁，他到最后可以活到80岁，而一天有24小时，那么他的24岁正相当于一天中的早上七点二十分。

一个正处于早上七点二十分的人有什么好焦虑的呢？这正是一天最好的开端，太阳刚刚升起，万物正在苏醒，人生还有广阔的未来，未来还有大把的可能。

我们永远不必为还没到来的事情买账，这其中就包括对于所剩时间的忧虑。

急什么呢？我们又不赶时间。

只有很努力,才能活得丰盛

01

有段时候特别喜欢翻七堇年的书,也特别喜欢她的一句话:"我一直都明白,你为着不至于埋没在人潮之中庸碌一生,而努力地做着活得丰盛的人。"

记得当时看到这句话很激动,感觉冥冥之中有谁握住了我的手,好像以前受过的许多苦楚都在这一刻得到了消解;又好像有谁默默地对我点了点头,默许了我所有的不走常路与私自逃离。

我曾忧虑地问过我的朋友:想要过普通人的生活有什么错呢?

她被我的这个问题给难住了,皱着眉头想了很久,说:"要说错其实也没有,但人生总归还是要奋斗一下的吧。"

这话有理。短短一世，自不能白来，总要凭着自己的双手认真打拼一次。可奋斗又分好多个方向，有的人追求金钱，有的人追求声誉，谁又能说努力把每天活得普通且充实不是人生的一种奋斗形式呢？

我一直怀着这种疑问，迷惑且无解。直到一天，我偶然听朋友谈起一个人。他是学化学工程专业的，毕业后却到一家小小的咖啡馆煮咖啡去了。若是有人问起缘由，他只说自己煮得开心，何乐而不为？末了，还送给人家一句自创的人生哲言：若你相信自己是个失败者，你便永不会失望。

看了这条哲言，我很惊讶。一直以来，我们想的都是如何去赢，有谁愿意做一个失败者呢？可他真的就想成为一个失败者吗？显然不是，他想要成为的只是一个认认真真、只做自己的人。当成功学每天都在教我们如何忍辱负重地成为一个"人上人"时，要做好自己、守住自己，也成了一件颇有难度的事。你要面对来自社会价值判断的压力和旁人不解的眼神，还要面对亲友咄咄逼人的关心。

有时候，我觉得我们就像活在一张与周围紧密相连的大网里，牵一发而动全身。这种感觉时常让我有种错觉：我过的究竟是谁的人生？如果事事都要以别人的意愿为先，那我的人生又在哪里？

02

我们似乎习惯了做"别人"。电视上铺天盖地的"成功榜样",回到现实还会有"别人家的孩子"。我们也似乎习惯了模仿,我们一步一步地努力去模仿,努力地参与,努力地融入,努力地成为别人口中那个金光闪闪的"他们",然而,结果如何呢?当你站在你曾经羡慕过的终点,当你回头望望你走过的路,在那条你曾拼洒汗水与泪水的路上,你可曾有一分一秒,想过自己究竟想要什么?

我相信每个人都有梦,有的人想当画家,有的人想当医生,有的人只想拿起相机,默默记录下自己的每一天。但并不是所有人的梦都终有机会开花结果,有太多人的梦只存在于闪念一瞬。

是我们缺乏追梦的勇气吗?可我们明明可以为了父母的期望努力读书,可以为了家庭的需要工作到深夜,一旦目的变成为了自己,怎么就不敢了呢?

或许不是不敢,而是不愿。不愿为了自己的追求令父母伤心,不愿为了自己的私心令家人受苦。从这个角度来讲,我们都是善良的普通人,而那些有魄力追求自我的人,却是勇敢者。

如果注定无法承担独辟蹊径的孤独,有一个这样的朋友陪在身边也好,至少能让自己在焦虑时不至陷入死路,想想他,好像就有了力量，可以在拥挤的道路上找回一点点自我。

所以，做个普通人真的很难吗？并不，难的只是，你要做个不普通的普通人。

七堇年说了，你要很努力，才能活得丰盛。

未来的你会感谢现在拼命的自己

01

据说每个怀抱着非同一般梦想的年轻人,都曾经在追梦的路上被狠狠嘲笑。

这嘲笑就算没有发出声来,也时常在别人的眼神与嘴角的上扬中显露无遗。

痴人说梦——他们的心里大多都在想这四个字。

某天看书的时候,无意中看到了"痴人说梦"这个成语的出处,它来自宋代惠洪的《冷斋夜话》:

> 僧伽,龙朔中,游江淮间,其迹甚异。有问之曰:"汝何姓?"答曰:"姓何。"又问之曰:"何国人?"答

曰："何国人。"唐李邕作碑，不晓其言，乃书传曰："大师姓何，何国人。"此正所谓对痴人说梦耳。

看到这则古文，我心里突然有些伤感。

原来在作者最初的记录中，这位"痴人"并非是说梦者，而是相信了"梦语"般荒谬之事的人。

虽然在这个故事里，这位"痴人"真是极傻，但在我看来，却也带着一种愚诚的可爱。

这样一想，那些在生活中曾被嘲笑为"痴人说梦"的人，似乎也显得更加可爱起来了。别人认为很复杂而懒得去做的事，他们偏要做得像样给自己看看；别人认为根本是个笑话的大梦，他们却觉得很美想要实现它。

当嘲笑过他异想天开的人们都已经快要忘记这回事的时候，有些幸运而可爱的"痴人"，却已经种下了梦的种子，结出了奇迹的果实。

02

在我的大学同学中，就有这样一个可爱的"痴人"。

大一刚入学不久，班里的新生活动需要男女两名主持人。由于我中学时有过主持经历，女生的人选便敲定了我，男生则由我们幽默的班长担任。

开场前,一个白净瘦弱的男生气喘吁吁地跑过来:"班长昨晚吃坏肚子了,叫我替他上场。"

由于新同学之间大多还没多少接触,我一时并未想起眼前男生的名字,不由得有些错愕。他似是看懂了我惊讶的眼神,有些不好意思地自我介绍道:"我是于磊,和班长一个宿舍的。"

走上台后,于磊竟然紧张得说不出话来。我暗暗提醒了几次,他依然默不作声。我悄悄侧头看他,只见他面色发白,满头大汗,嘴巴哆哆嗦嗦,着实把我吓了一跳。

下场后,他垂着手愧疚道:"对不起……我实在是太紧张了……一上台就头晕……"

那时候的于磊,在同学们眼中就是一副白净瘦弱、清秀书生的模样。

熟悉之后,大家都叫他"小于"。

某次班委闲聊时,女生们一致认为:"小于真是一副无公害、好随和的样子,看起来脾气真好!"

只有与他一个宿舍的班长笑着说:"小于可不光是脾气好这么简单。他的志向,可比咱们任何人都要大多啦!"

大二时,大部分同学都在忙着凑学分、谈恋爱,有些懂事早的则开始找一些兼职,减轻家里的经济负担。

而看似平凡的小于，却开始展露了班长口中的"大志向"。

大二上半年，他便开始筹划成立自己的网络工作室。

小于家境条件中等偏下，个人资质也算不上天才，所以刚开始知道他的这个念头时，我们都当他是一时脑热。

毕竟，对于大多刚满十八岁的大学生来说，这个目标多少有些遥远。

可对于小于来说，"遥远"从来不意味着不可能，只代表你必须多一点点努力。

当其他人还窝在宿舍看泡沫剧的时候，小于便开始顶着烈日终日奔波：进行市场调研，研究法人企业和个体户的区别，了解工商局的程序、政策，准备重要联系人的联络单……

在大二并不轻松的课业之外，小于竟然凭借着一己之力将这些烦琐的准备工作一一顺利完成。

当他开心地告诉大家已经要着手挑选办公场地的时候，我们多多少少都对他"做得如此像样"感到震惊。

可这其中还是有为数不少的同学，在口中说着"真厉害，继续加油"的时候，心里想的却是"哪有这么容易就能办到，接下来肯定还要吃大苦头"。

确实，后来的小于又吃了很多很多苦头。

但是，等正式拿到执照之后，小于欣喜若狂。

我们挤在他那间在学校附近租用的狭小民房里，由衷地恭喜他踏出了梦想的第一步。

"大老板，以后就跟你混了。"男生们勾肩搭背地揽着小于的肩膀耍嘴皮子。

眉开眼笑的小于老板则说："其实前面这些，比起后面的功夫，根本就不值一提。辛苦还在后头呢！"

我们都说他太谦虚，心里却也知道他说得没错。

每天新注册的小公司、工作室多得数不清，最后能够站住脚的又有多少个？

正如小于说的，真正的辛苦，这才刚刚开始。

刚刚成立工作室时，小于根本接不到几个活儿，眼看着学校附近还有另一家已经站稳脚的工作室牢牢压在自己身上，他心里的焦虑可想而知。

那段时间，宿舍门口、食堂的柱子上都贴满了小于工作室的宣传广告。

他一开始的定位就是抓住学校内部市场，所以他逐个找到了学校里所有院系的负责人，不厌其烦地为他们讲解自己工作室承接的业务。

由于是本校学生，大多数人的态度还是比较温和的，但也有少数人反应冷淡，甚至对他这种行为嗤之以鼻。

"我最瞧不起的就是你们这种学生。还没毕业，就想来赚学校的钱。"某系负责老师恶狠狠地将他拒之门外。

就在这样艰难的努力中，小于始终没有放弃，而是将所有需要待办的事项一一列出，逐个完成。

很快，工作室就有了收入。虽然这收入十分微薄，甚至完全无法涵盖租用房屋的价钱，但他还是咬牙坚持了下来。

大四那一年，我同闺密曾经在食堂见过小于。

我们吃完的时候，他正端着托盘找座位。

打过招呼后，我与闺密走出食堂，不约而同地发出了强烈的感叹："你看到没有？他一个菜都没有打，竟然只要了四两米饭！"

大四毕业时，小于的工作室似乎开始有了一点儿盈利，但从他终日疲惫的样子便看得出，当老板的辛苦并非人人都能够承受的。

毕业晚会上，小于作为班里的"创业家"被大家哄上台讲话。

他带着笑容，谦虚地跟我们分享了创业过程中的得与失。

看后面的节目时，坐在一边的小学妹偷偷跟我咬耳朵："学姐，刚刚上台讲话的那个学长看起来好沧桑，真不敢相信他和你们一样大。"

我有些惊讶——要知道，入学时的小于曾是个白净"无公害"的呆萌小青年啊。

我不由得向隔了几个位子的小于看去。

由于过度的疲惫，他用手肘撑在椅子扶手上，已经不自觉地打起了瞌睡。

深深的眼袋，暗淡的皮肤，包括那双粗糙的手——

我突然意识到了这四年来他那常人难以想象的付出。

为了心中那个遥远的目标，认真的小于一直在拼命地努力。

毕业两年后。临时搭建的讲台上，一位西装革履的年轻男子正进行着一场激情四射的演讲。

"刚开始筹备工作室的时候，班里同学都觉得我疯了。当然这也不能怪他们，毕竟我们才大二，大伙还忙着沉浸在初恋结束的青春疼痛中呢。至于我？我大学四年都没迎来自己的初恋，这倒是给我节省了不少时间。"

听众席里传来友好的笑声与掌声，几名大胆的女生更是挥舞着胳膊大喊："小于学长！求交往！求带走！"

我在台下同闺密对视了一眼，脸上均是佩服的表情。

台上那位引来小学妹们无数尖叫的，就是我们的大学同学——小于。

他的主要事迹，说来倒也并不复杂：

一个出身平凡也算不上多么天才的普通男生，在大二开始筹备创办自己的网络工作室，于大三创办成功，自己做老板一直至今。

至于工作室的生意怎么样……从学妹们将他列为"最想嫁的钻石王老五学长"之首来推断，大概是很令人满意的。

而在我看来，如今他最让我们这帮老同学羡慕的，金钱上的富裕倒还是其次，最幸福的莫过于在我们都开始面临自己生活、职业上的挫败而动摇时，他早早就已经在正确而坚定的道路上胸有成竹，稳步前进。

台上的小于侃侃而谈，满面春风。

我又想起大一那场新生活动，他在台上紧张得满头大汗，一句话都说不出的窘迫模样。

从十七岁那个在台上发抖的小于，到眼前这个潇洒而自信的青年才俊，一个男生的成功蜕变，究竟要经历多少的磨炼？

03

我曾经看过一幅油画，画面的顶端有一朵美到令人惊叹的花，画面的右下角，则有一只很小很小的蜗牛，顺着长长的藤蔓正在一点一点往上爬。

一起看画展的女孩子说："蜗牛为什么要去找那朵花呀？它

爬得那样慢。等它爬到，花都凋谢了吧。"

可是，在漫长的未来与无尽的世界中，我们有时就是那么渺小——如同一只微不足道的蜗牛。

通往梦想的前路太长，长到似乎穷尽一生都无法完成。

实现自己梦想的机会太小，小到一不小心就失去了生命的方向。

可是，并非因为有了失败的可能，我们就要拒绝努力的机会。

岁月荏苒，光阴如歌，没有梦想的青春总会显得仓皇。

前路漫漫，荆棘重重，只有不息的信念才是最亮的灯火。

我愿意相信，即使路途再遥远，努力的蜗牛也会最终找到它的那朵花。

祝你好运，有梦的年轻人。

你的抱怨正在"毁灭"你

01

珍妮是广告公司的平面设计,她经常向身边的朋友抱怨薪资低,事情多,领导能力还不高。她天天嚷嚷着等找到了好的下家,就果断辞职走人。

主管每次给她安排活儿,她都要在心里絮叨半天;上班迟到被扣了工资,她就大骂公司制度不合理;团队临时要加班赶项目,她就不满地发朋友圈抱怨一番。

人力资源部的同事找她深谈过好几次,提醒她不要把负面情绪带到工作中来,这样会给团队里的其他同事造成极其恶劣的影响。珍妮口上答应着,可再遇上不顺心的事情时,依旧如故。

有一次,珍妮给客户发了一份设计方案。客户看过之后,明确表示不满意,要求珍妮推翻重做。珍妮觉得很委屈,随即向对方大吐苦水，说这份方案是自己苦苦熬了几个通宵才完成的，言语之间还埋怨客户不近人情。客户与她沟通无果，便将电话打到总经理那边要求解约，一单几十万的生意就这么泡汤了。

对于这件事情，珍妮负有不可推卸的责任。没过多久，她就被公司劝退了。

珍妮离职以后，同事们觉得分外舒心。能不舒心吗？身边少了一个喋喋不休的怨妇，耳根清净是必然的。

02

我的一个朋友骆哥，前段时间因投资生意失败，未婚妻悔婚。遭此打击，他几乎一蹶不振，每天流连酒吧，逢人便诉说自己的不幸。说到动情之处，骆哥甚至会声泪俱下，称自己对未婚妻深情专一，可她却在自己最艰难的时候离开了。

不少朋友刚开始还觉得骆哥挺可怜的，可是当他把自己的这段遭遇翻来覆去讲了很多遍之后，大家便感觉到了无趣，于是不自觉地疏远了他。

最近在某个社交场合，我遇到了骆哥的前任小奈。谈起骆哥，小奈轻叹一口气，说："也许他一直认为，我之所以选择离开他，是嫌他穷，其实并不然。"

小奈继续说:"在骆哥生意失败后的那段时间里,他每天像个怨妇一般唠唠叨叨,也不想着如何去改变现状。刚开始时,我也是好言相劝,不厌其烦地对他进行心理疏导,并表示自己愿意陪他一起渡过难关。可是他却一点儿也听不进去,反复诉说着他输得有多惨,还说恐怕这辈子也再难翻身了。"

小奈说,她本是一个乐观开朗的人,每天受骆哥负面情绪的影响,自己的心情也蒙上了一层阴霾。

在骆哥身上,小奈几乎看不到任何未来和希望。她实在无法把自己的一生托付给这种自暴自弃的男人。几经思量,她最终决定解除婚约,铁了心地离开了骆哥。

03

没有谁的生活一直是顺风顺水的。有的人一遇到不顺遂的事情就写在脸上,牢骚不断;有的人则会选择把情绪隐藏,独自消化,因为他们清楚,一味地发泄不满,不会改变任何现状,与其这样还不如专注于解决问题上,争取改变局面。

我身边一个1998年出生的朋友,读高中的时候觉得读书太苦,于是不顾家人的反对,放弃了高考,同朋友一起开了间美甲店。

有一次,我去银行办业务,正好途经她的店铺。她邀我进她的店里坐会儿,进去之后便对着我大倒苦水。

"这年头生意真不好做!每天起早贪黑,忙死忙活,连个午休的时间都没有,也没挣到几个钱。到现在我才真正明白了什么叫赚钱不易,也有点儿怀念以前上学时的日子……"

听着听着,我不由得感到一阵厌烦。她一副苦瓜脸,怨气深重,十句里有九句都是在感慨生活的艰辛,却从来不去反思自己身上的问题。于是我借口还有其他事情要办,便匆忙离开了。

把问题归咎于其他人,是弱者的思维。抱怨是一种自我消耗,是失败的根源,也是无能的表现。

我们身边从来不乏散发负能量的朋友。他们总是一副受害者的心态,自嘲出身不好,抱怨命运不公,埋怨社会不公平,而唯独不愿意承认,真正把他们拖垮的,是自己的无能和"满腹哀怨"。

带着满腹怨气生活,不仅会影响身边人的情绪,还会使自己饱受压抑与折磨。

一个成熟的人,即使经历了心酸与责难,也不会轻易地把怨言挂在嘴边。只有尽心尽力做好自己,不卑不亢地应对人生中的各种状况,你才值得被命运温柔相待。

很多时候,你只是在假装努力

01

赖姐是一家大型企业的部门管理者。她的部门里有一个女同事,在人前总是勤勉有加。每天早上起来刷朋友圈,总能看到她在三更半夜发的鸡汤文字,配图永远是手提电脑上写得满满的Word文档。就是这么一个看上去非常勤奋努力的姑娘,在公司里兢兢业业地工作了几年时间,却始终没有得到领导的赏识和重用。

在最近的一次公司晋升会议中,有好几个资历比她浅的同事都被列入了晋升的名单。散会之后,姑娘不服气,跑到赖姐的办公室理论起来,说自己这些年来起早贪黑,鞠躬尽瘁,为公司付出了那么多,没有功劳也有苦劳,为什么升职加薪总是没有自己?

面对责问，赖姐心里很清楚。她一语道破："你经常熬夜加班，只是一种低水平的勤奋。很多时候只是因为你白天工作效率低，落下的事情只能靠晚上加班加点赶工，最终完成的质量也不如人意，更别提为公司带来更高层次的价值了。"

在某一期《赢在中国》的节目现场，评委史玉柱提出了一个问题："如果你是老板，你有一个项目，分别由两个团队实施。年底的时候，第一个团队完成了任务，拿到了事先约定的高额奖金。另一个团队没有完成任务，但他们很辛苦，大家都很拼，都尽了力，只是没有完成任务。你会奖励这个团队吗？"

选手A说："因为他们太辛苦了，我得鼓励他们这种勤奋的精神，奖励他们奖金的20%。"

选手B说："那我得看事先有没有完不成项目怎么奖励这个约定，没有约定就不给。"

选手C说："我得看具体是什么原因导致他们没完成任务，再做奖不奖励的决定。"

史玉柱最终给出了自己的答案："我不会给，但我会在发年终奖的当天请他们吃一顿。功劳对公司才有贡献，苦劳对公司的贡献是零。我只奖励功劳，不奖励苦劳。"

你以为一刻不停地向前奔跑，营造出一种拼搏努力的忙碌状态，就会得到大家的肯定与赞扬，然而，没有"功劳"的勤奋，没有价值的付出，在旁人的眼里，哪怕你再怎么努力，也只是徒劳一场。

02

"忘了这是第几天熬夜加班了，给自己打打气，加油！"

"早起背书，这次考试一定要顺利过关。"

"从今天开始，我要养成坚持读书的好习惯，请大家监督。"

在你的身边，是不是也存在着几个这种"努力型人格"的朋友。他们充满昂扬的斗志，似乎前面纵有千般苦难，也无法阻挡他们的脚步。可是，买来一大堆书，拍照发朋友圈以后却把它们丢进了书柜，不管也不问；每天都能看到他们在自习室里晨读的身影，可每次考试依然挂科；经常彻夜工作，几年过去了还停留在原来的岗位上，薪酬也不见涨。他们以为自己已经很勤奋很努力了，现实却是一次又一次的徒劳无功。

我的办公室隔壁是一家创业公司，员工大多都是年轻人，他们每天都会在晨会上斗志昂扬地宣读励志格言，洪亮的声音响彻整个楼层，着实给人一种朝气蓬勃、积极向上的感觉。可事实上，我好几次在上班的时候看到他们中不少人躲在楼道里吸烟、闲谈，还有的甚至靠在阶梯上打盹儿，真正在工作的没几个。没过多久，这家公司就因为经营不善倒闭了。

可见，这家公司的管理者过于看重口头形式上的努力，忽略了培养员工内在专注和进取的精神，只有这些精神才是成就一番事业的关键。

03

我有个"90后"朋友小尔，她是一个美食公众号的编辑。只要有新的餐厅开业，她就会第一时间前往探店，一尝究竟。她还会隔三岔五跑到周边的城市进行美食探索，经常在朋友圈里晒出各种诱人美食，让人羡慕不已。我也时常感叹：他们公司的福利可真好啊！

有一次，我到他们公司办事，看见小尔正在协助一名员工办理离职手续。她见了我，叹了口气："这已经是本月离职的第5位员工了。"

小尔说，自从工作以来，她也接触过不少新人。他们刚入职的时候，普遍心理期望过高，都以为这份工作不过就是到处吃吃喝喝，随便写写稿子交上去就完事了。然而这份工作并不如外人所想的那般轻松。每次探店之前，都需要做大量的前期准备工作。为了拍出一组好看的美食图片，他们往往要在店里连续工作很久，采集好相关素材，回去后还要马不停蹄地写稿、修图。等好不容易把文案整理出来交给客户，还要根据客户的各种修改意见进行修改。

　　小尔说，节假日的时候恰恰是他们最忙碌的时候，她经常会在节假日扛着一台五六斤重的单反跑几家店，忙起来甚至连饭都顾不上吃。

　　你只看到别人表面上的光鲜亮丽，却看不到他们私底下为这份工作付出过多少心血，承受着多少不为人知的压力和艰辛。

　　世界上没有一份职业是不辛苦的，而大多数人都选择咽下委屈和眼泪，日复一日地坚持着。

04

　　你长期加班、挑灯苦读，自以为已经足够勤奋了，甚至把自己都感动得一塌糊涂。你频频通过在朋友圈"晒努力"来换取他人的认同和鼓励，结果发现点赞的人却寥寥无几。

　　其实，更多的人只会关注你所取得的成果，至于你努力和奋斗的过程，对他们而言一点儿都不重要。

　　我们努力奋斗，是为了促使自身不断成长，而不是为了博取他人的关注。你要克服自己的惰性和焦虑，把努力埋进心里，默默耕耘。你总要学会一个人去闯这条路上的所有难关。

　　在这个过程中，你会渐渐明白：你的努力和成长，从来不需要太多的旁观者，它是只属于你一个人的战斗。

你有多守时，就有多靠谱儿

01

我参加过一个聚会，到了约定的时间，大家纷纷入座，只差乔乔迟迟未到。一桌人一边聊着天，一边饿着肚子等她过来。期间有人给乔乔发去数条微信语音，她总是回复："就快到了。"

等了将近一个小时，乔乔才来。

乔乔是出了名的迟到大王，对她来说，迟到15分钟至半小时，都属于家常便饭。乔乔从来不懂得时间规划，每次和朋友约好见面，她都会拖延出门的时间，往往是快到时间了才磨磨蹭蹭地开始化妆，然后拎着包急匆匆地奔赴聚会。准时赴约对她来说，就好像吃了大亏一样。

一次两次不准时，别人可能不会特别在意，可一旦次数多了，这就是态度问题了。

有朋友皱着眉头抱怨了一句:"怎么那么迟呢,等你等得黄花菜都凉了!"

谁知乔乔却一脸不以为然地说:"我是女孩子啊,让你们等一会儿怎么了?"

在她看来,女孩子出门需要化妆打扮,所以迟到是很正常的。可是我们都认为,要是乔乔每次都能预留好足够的时间来做准备,就不至于把自己弄得这般仓促狼狈。

在我们周围,从来不乏缺少时间观念的人。他们毫无自责感,认为偶尔的不准时无伤大雅。久而久之,这种习惯融入他们生活的每一个细节里,就会对他们的事业发展与人际交往造成不良影响。

守时,是人与人之间的一种契约。只要和朋友们约好了时间,在没有突发意外的状况下,都应该按时赴约。

若是平白无故迟到,总是让别人把时间浪费在毫无意义的等待上,事后甚至还没有半点儿愧疚之意,在我看来,这是非常自私的行为。

02

前阵子,我协助公司人力部组织了一次招聘。

面试的时候来了不少求职者,我和同事们忙活了整整一个上午。临近午时,我们收拾简历刚准备离开,一名求职者满头大汗地走了进来。

问及迟到原因时,求职者给出的理由是:"由于不熟悉路线,从而耽误了面试的时间。"

求职者离开以后,我仔细翻阅了他留下的简历,发现他是名校的毕业生,而且各方面条件都非常符合公司招聘岗位的要求。我问了身旁的人事主管任姐,她却叹了口气说:"很可惜,这名求职者咱们公司不予录用。"

任姐接着说:"我并不否认他的能力。可是面试迟到,就代表他对这次应聘没有表现出足够的重视,毕竟他并没有预留出充足的时间来处理路上可能遭遇的突发状况。连面试都不能做到准时的人,也就说明了他不具备良好的素质和责任心,公司当然不能放心把重要的工作交给他。"

时间观念对于一个人的影响非常重要,它往往决定了人与人之间的第一印象,人们经常会根据这种最初印象来判断对方是否能赢得自己的信任和支持。

03

作家刘墉在美国高校教书的第一学期结束后,为了解学生们的想法,就跟学生们讨论,请大家对他提出批评。

"教授，你教得很好，也很酷。"有个学生停了一下，又笑笑，"唯一不酷的是，你在每堂课开始时总会等那些迟到的同学，又常在下课时拖延时间。"

刘墉一惊，不解地问他："你不也总是迟几分钟进来吗？我是好心好意地等，至于我延长时间，是我卖力，希望多教你们一点儿，有什么不对呢？"

全体学生居然都叫了起来："不对。"

然后有个学生补充说："谁迟到，是他不尊重别人的时间，你当然不必尊重他，至于下课，我们知道你是好心，要多教一点儿，可是我们接下来还有其他的课，您这一延迟，我们下一堂课可能就会迟到。"

香港畅销书作家梁凤仪有一次应邀到北京某大学作报告，时间定的是下午3点。谁知去大学的路上堵车了，下午4点才抵达。主持人一再强调："梁老师迟到是因为堵车了。"

但是，走上讲台的梁凤仪觉得自己是不可原谅的。她说："各位同学，我在此向大家诚恳地道歉！在北京，堵车是常事，但我不应该以此为借口，我应该把堵车的时间计算在内，做好充分的准备。我知道今天在座的有1000位同学，我迟到的这一小时，对大家来说，就是浪费了1000小时的生产力量，影响了1000人的心情啊！我只能盼望你们的原谅——我要是提前一个小时出发，尽管自己多花费了1小时，却可以避免1000小时的浪费。"

每个人的时间都是宝贵的。有教养的人，绝不会肆意地浪费别人的时间。培养良好的时间观念，既是对他人的尊重，也是个人素养的重要体现。

04

我的同事刘叔，每天都是最早到达公司的员工。当其他人神色匆匆、掐着时间走进办公室时，刘叔早已收拾好桌面，泡好一壶清香的普洱茶，从容地开始了一整天的工作。

刘叔的这个好习惯，陪伴了他二十多年。

人和人之间的差别，其实全在于细节。守时的人，做事从不拖沓，内心始终遵循着某种秩序。他们认为，提前做好时间规划，以积极的态度面对生活中的每一件事情，才能大大降低因拖延而造成的焦虑风险。

守时是一种处事态度，也是这个时代稀缺的一种品质。

我曾经细心地观察过身边那些时间观念强的人，他们总能赢得别人的尊重和信任，他们有着强大的自律能力，言行中无一不透露出良好的教养。和他们打交道，我总是心存敬畏。他们选择了走在时间的前头，掌握主动权，所以在应对任何问题时都能做到不慌不乱，并且游刃有余。

　　守时，是最基本的社交礼仪。越是守时的人，就越靠谱儿。

你所谓的稳定,可能是稳定地穷着

01

有次饭局,一位老同学对我大发感慨。

他说,他目前在体制内就业,干着一份特别不喜欢的工作,每天朝九晚五,几年下来,除了工龄涨了,也不知道到底收获了些什么。老同学说他想辞职去创业,但又害怕失败,担心丢掉现在这份"稳定而有保障"的工作。

他觉得自己这辈子也就这样了,到了差不多的年纪就结婚生子,然后庸庸碌碌地过完这一生,生活过得不算太好,也不至于太差。

我能理解老同学的这些感慨。他的感慨,是对当下生活现状的无奈与不满。明知这不是他想要的人生,却提不起斗志,也没有勇气放弃现有的一切,因为他不敢承受未来出现的种种风险。

02

我的一个朋友丁丁和朋友开了一家网店，凭着自己的努力，她年纪轻轻就买了车，还在市中心按揭买了一套商品房。可丁丁的身边总是不乏这种声音："女孩子太要强不好，找个男人嫁了不也挺好吗？这么拼到底是为了什么？"

记得一次和丁丁聊起这个话题，她说："女孩子独立点儿怎么了？我努力挣钱，买得起自己想买的东西，自己的物质需求自己完全能解决，难道我错了吗？"

丁丁跟我说了一个她身边姐妹的故事：那个姐妹年轻时嫁了一个有钱人，婚后做起了全职主妇。她最近偶然发现丈夫有了外遇，感到憋屈、愤怒、不安，却又无力改变这一切，更不敢向丈夫提出离婚。如今的她没有任何职业技能，去哪儿应聘都没人要，要是离开了丈夫，连生存下去都成问题。

所以丁丁觉得，依靠对方的话，对方随时可能拿走你的"所有东西"。想过上自己想要的生活，只能靠自己的双手去创造。只有将财政大权牢牢地掌控在自己手里，才不会受制于人，也只有这样才会让自己分外安心。

经常看到一句话："婚姻从来不是女人的出路，唯有努力才能掌握命运。"

我对这句话的理解更深刻一些——女人若不努力，连选择婚姻的权利都没有。世间有多少女人将自己嫁给了物质，又有多少女人婚后困于家庭生活的一地鸡毛——太多太多了，数也数不清。她们自身的价值，只有在婚姻中才能体现出来，结婚嫁人在她们的价值观中是唯一改变生活现状的出路。

而如今社会，涌现出来众多经济独立的女强人，只因她们懂得：靠对方，永远不如靠自己。

03

我有个同事K先生，是个拼劲十足的人，每天加班至深夜，有时候甚至会直接睡在公司彻夜不归。

平时同事们下班后相约去打麻将唱歌，都会顺便喊K先生一起去，可他每次都是笑着拒绝。因为从来不参加同事聚会，K先生一度被大家当作异类。

有一次我们一起吃饭，K先生说起了他的故事。他小时候家里很穷，父母经常为了一日三餐而发愁。有一年临近开学，因为迟迟凑不够学费，母亲就带着他到叔叔家去借钱。进门还没说上两句，母子俩就遭到了叔叔一家人无情的数落。

离开叔叔家以后，K先生就暗暗发誓，以后一定要出人头地。

工作以来，K先生几乎放弃了自己所有的娱乐时间，将时间和精力全都花在了钻研业务上面，只为了能多拿下几个单子。每次月底发了工资，他总是会在第一时间把钱给父母转过去。通过这几年的努力，他家里的生活水平得到了很大改善。

K先生说，他一辈子都忘不了叔叔婶婶那一副嫌弃的嘴脸。为了让父母不再因为没钱而遭受别人的白眼，为了让父母不再过那种连温饱都保证不了的生活，他必须加倍努力。

后来公司因为业务发展需要，在外地设立了分部。K先生因业绩优秀，被派往分公司任总经理，年薪达到百万。

04

曾经在"知乎"上看过一个这样的问题："你为了什么才这么努力？"

其中有一个回答深得我心：为了喝酸奶不用舔瓶盖，吃薯片不舔手指，吃方便面不喝汤，喝星巴克不自拍，吃益达也敢三粒一起嚼，随时来一场说走就走的旅行。

总之，就是为了那种自由自在的生活。

你付出过多少努力，就能获得多少回馈。而更多时候，我们所羡慕的其实是别人的生活，羡慕他们可以升职加薪、买房买车，过着"开挂"似的人生，同时感叹自己时运不济。

有句话说得好：运气是努力的附属品。如果实力没有经过原始积累，给你运气你也抓不住。上天给予每个人的都一样，但每个人的准备却不一样。不要羡慕那些总能撞大运的人，你必须有足够的原始积累，才能遇上好运气。

成年人的世界里从来没有"容易"二字，没有谁的生活是顺风顺水的。有些人表面看上去光鲜体面，但你知道他们是付出了多少心血才换来的吗？

而你呢？甘愿停滞不前，遇到问题只会一味抱怨，你知不知道你这样错失了多少光阴和机会？

你所追求的稳定，可能只是稳定地穷着。

记住这句话——年轻时偷过的懒，岁月必会加倍奉还。

生活中，只有那些勇于打破现状的人，才配得到更多。他们比谁都清楚自己想要的是什么，坚持和积累让他们成就了自己的鲜活人生，也因此过上了自己想要的人生。

让人变好的选择，都不会太容易。在你还有能力选择自己想过的生活时，请不留遗憾地付出。你投入的每一分努力，都会变成漫天闪耀的星辰，指引你到达你想去的地方。

愿你前路平坦，隧道尽处是光明。

放眼望去，都是未来。

第三章

让自己拥有
别人拿不走的东西

别让你的努力，最后都败给焦虑

01

有一个人在网站上吐槽说，自己某个很正常的同学，现在像中毒一样，患上了"进步焦虑症"。

具体症状如下：

一大清早起床，就看见他在朋友圈里发了一大堆健身的图片，并配上一段激情昂扬的文字，用以自励。

中午吃饭的时候，那个同学还会准时发一大段总结，列出一长串知识付费的课程标题和主讲人的名字，总结自己上午具体学到了哪些知识。

晚上则是那个同学发朋友圈的高潮时刻，大概每隔几分钟就会来一条：某某老师说得非常对，现代人最大的问题源于手机App，从今天开始，我不能再浪费一分一秒的时间，不能再浪费自己的生命,每一刻都必须用来学习真正对自己有用的知识。

他说,同学这样的状态,不但没有给人带来丝毫的励志感,反而会给观者带来某种莫名的焦虑。

好在他同学没到一个月就偃旗息鼓了,如果一直都是这样的状态,身体或是精神,总有一个会出问题。

他说,在他同学最初向他推荐那些付费课程时,他也下载过,听过一两次后发现,那些付费课程翻来覆去总是同一套东西,每次在一堆大道理中热血喟叹,却没有学到什么真正有用的知识,所以听过几次之后就放弃了。这些课程不能说完全没用,但充其量只能算是一档益智性娱乐节目罢了。像他同学那样亢奋,不能算是学习,更像是在宣泄焦虑。

我觉得他说得很对,任何努力,都必须符合基本的规律,才能持久。

像他朋友这样的亢奋状态,只能持续一时,不能持续一世。学习从来都不是一时冲动的事,而是一场直到人生终结才能停止的马拉松。

短暂的冲动不能说没有任何效果,但久了就会禁锢认知,浪费系统学习的时间,还会挫伤一个人学习的热情。但这个问题的症结不能完全归结于他的同学,因为现在有太多令人眼花缭乱的 App 了，它们都在利用刚毕业的学生急于自我成长的心理，向他们贩卖着各式各样的焦虑。

02

记得有个小学妹刚进我们公司实习时，第一天就因为做错事挨了领导批评。她一整天都心情沮丧，下班之后便急切地来找我，让我推荐几本能快速成长、学习专业知识的书给她。基于对她的性格和她当前工作状态的大概了解，我拒绝了她的要求，让她先好好休息几天再说。

我想，在那种乱糟糟的心情下，她未必能静下心去好好读书，强行要求她学习，只会让她更加心烦意乱。她找我推荐书，并不是因为她需要读书，而是她想通过这种"我在学习"的状态来缓解自己现在的压力。

在她工作越来越顺手后，我主动找了一些她在工作上可能会用到的专业书籍，又推荐了几本衍生读物，一并用邮件发给她。在这封邮件里，我告诉她，要想真正学习某种知识，需要一个专业、系统的学习过程，再加上实际操作的补充，才算是完成了基础部分。

我说，我当初之所以没有答应你的要求，是因为每个人的学习基础不一样，想要通过学习达到的目的不一样，专业选择的走向和擅长的部分也不一样，我那时候并不明白你想要通过学习得到什么，但是通过这半年的接触后，我大概明白了。

其实，我曾经和她一样，在受挫时会买一大堆书来进行自我安慰。我年轻时，总认为自己读了这些书，达成了某个目标，那些工作和学习上的问题就会迎刃而解。

甚至在我曾经和同事发生冲突时，我还咬牙切齿地在心中暗自较劲：等我考到某某证之后，我就再也不会有这样或那样的烦恼了！

后来，当我真正获得那个证的时候。我发现每天令我焦虑的事情并没有减少，只是我自己的心态改变了很多而已。

其实，学习这件事，除了获得必要的技能，剩下的改变就只是我们自己的认知，以及我们和世界相处时的思维模式。它们并没有帮我们屏蔽掉世界本身所固有的、自带的困境，也无法帮我们避免那些成长中必然要承受的伤害。

很多成功的知识付费平台的老板，利用了那些像当初的我一样急切地想要自我成长、想要直接省略掉努力过程、想要通过听几堂课或是看几本书就改变自己的人。

他们兜售的基础在于，他们会引导性地让你产生全世界的人都在进步，只有你一个人落后了的焦虑感。

其实他们是利用人们急于成功的心理，只呈现结果不陈述过程，把本来需要十年的时间硬说成十个月，把黯淡的前景添油加醋地说成光芒万丈，把1%的盈利说成100%。

03

人想要进步，需要理解学习的本质。学习的本质，是不断打破、重塑自我认知的过程，而不仅仅是外在学习的表象。

真正的学习，更像是对自我的一种润物细无声的滋养。这个过程是痛苦并快乐着的，它意味着我们需要有一种不断打破原来的自我认知，重塑新的自我认知的决心和毅力。它的唯一指向，是把我们塑造成为一个有独立判断能力的人，通过不断强化我们的独立思考能力，确保我们自己能掌握独立生活的技能，并不停地自我更新这些技能。

这样的过程在达到一定程度后，会给我们带来内心的丰盈感。所以，那些真正拥有知识的人，总是从容优雅、温和善意的，和他们交往时会有一种如沐春风的感觉。

我们要坚信，那些真正能掌控生活的人，不会总是摆出急于挣脱原有身份，投入到自己想象的精英群体里去的姿态，而是从容地享受着学习这件事带给自己的乐趣，只有这样不疾不徐，才有真正深入探索的可能性，也才有真正构建系统、完备的知识体系的可能性。

你口中的"不想要"只是因为得不到

01

二十岁那年,我遇到了老梁,在他手下当实习生。

刚进公司时,他天天吼我:"不要用鼠标左键右键点来点去,要用快捷键,懂吗?你到底行不行啊?"

我正是血气方刚的年龄,自然不服管教,我也吼:"不行,我就用鼠标键复制、粘贴,怎么的?反正我能按时完成工作按时下班。你走你的阳关道,将键盘玩得出神入化;我走我的独木桥,偏要拿着鼠标不放手。"

我们之间还有关于Excel使用方法的争论。

因为我从小数学就不好,所以一看到Excel里的各种函数和数据透视表就满心厌烦。但是,为了用Excel完成工作,我只好仗着自己那一目十行的本领,硬是用大脑抗衡了很长一段时间。

为此，我很是得意。

而老梁则恨铁不成钢地对我咆哮："你根本就不知道用公式的好处就如此排斥，真不明白你是怎么想的？"

我不屑地翻过一个白眼："可能是有代沟吧。"

这一记白眼，后来又很是讽刺地反砸在我头上，因为当手头的数据资料多得让我无法用大脑抗衡时，我不得不灰头土脸地从老梁那里拿来厚厚的Excel实用指南，然后埋头苦学。

再后来，我大学毕业有了正式工作，看着公司新来的小姑娘像我当年一样顽固地点着鼠标键复制、粘贴，像我当年一样懒得去学Excel而索性心算，像我当年一样振振有词时，我总是忍不住想笑。

02

我曾经一度视金钱物质这些身外之物如粪土，孔圣人不是说过"君子喻于义，小人喻于利"吗？如果是洁身自好的正人君子，怎么能主动追求物质生活呢？

因此，我极度讨厌那些将大把时间和金钱用在梳妆打扮上的女生。如果她们恰好又没追求，我会在心里默默地赞叹一下自己"敏锐的第六感"。可如果她们恰好又聪明又优秀，就跟我所坚持的观念相悖了。我找不到问题所在，只好安慰自己说，权当她们走"狗屎运"了吧。

这种刻薄的想法，在我心里隐藏了很长时间，直到我也慢慢变成我所讨厌的那种人。因为工作或者出席活动，我不得不画上淡妆，收拾好头发，踩着高跟鞋，穿着得体的礼服，变成那种曾经让自己十分鄙视的形象。

可是这种感觉，其实并不坏。我并没有因为妆容变得精致而丢掉朴素，并没有因为享受生活而放弃努力，并没有因为谈报酬和薪金而觉得自己染上了铜臭味，我反而觉得释然——原来这样的生活也不过如此。

我想告诉那些跟我有类似经历的姑娘：你收获了回头率、赞美和欣羡，就要付出相应的代价，这包括脚后跟被高跟鞋磨破皮，连续数天不吃晚饭也要瘦身，以及多于别人数倍的努力。

当然，即便你选择了懒散舒适的生活方式，也并不是因为对另一种世界的排斥和不理解，而正是因为当初经历过、了解过、对比过，才知道什么样的选择更合适自己。

03

我们总是听到有人说这样的话：

"那么拼命挣钱干吗？还不如悠悠闲闲地混日子来的舒服。"

"学英语根本就没用，我只会说中国话一样能走遍全世界。"

"时间管理有什么稀罕的,我不用规划还不是随时有空。"

"结婚本来就是凑合过日子,再好的人不过柴米油盐,情情爱爱又不能当饭吃。"

我想,这些人可能从不知道在合理范围内最大限度的努力所带来的回报会给人怎样的成就感;从不知道多掌握一门外语会打开一扇怎样的门,门内会有一个怎样别致的世界;从不知道每天规划好时间节省至少一个小时做自己喜欢的事,会获得多么大的满足;从不知道被人爱着,被理解,有着共同语言,另一半能够能说出一句"我懂"而不是"你自己看着办"是多么大的幸福。

这些人吝啬每一丝每一毫的努力,索性畏首畏尾地发扬阿Q精神自我安慰:"你看,我不是得不到,只是我不想要而已。我永远也不会失败,因为胜利本来就是我不想要的东西。"

这是一种多么可悲的说辞,连甜头都没尝过,像只鸵鸟一样把头深埋在自卑与自恋中,只能用混杂着嫉妒和鄙薄的声音劝说自己:"是我不想要,不是我得不到。"

真正内心强大的人,从来不会掩饰自己的欲望,想要的时候拿得起,离开的时候放得下。坦然承认欲望、接受失败,也好过明明就懒得努力,还要先给自己找好借口说:"我得不到,因为我不想要啊。"

别忘了,你是活给自己看的

01

我有一个远房表妹,S小姐,是个独生女,还是个典型的白富美。

留洋归国后,她准备继承家业,考虑到对公司不是很了解,经验非常不足,于是她主动要求到基层锻炼。因为她很低调,公司的绝大多数员工并不知道她的真实身份,所以她也和所有新人一样,被老员工指使端茶倒水、买咖啡,对于老员工的其他不合理要求,也都尽量去做。

谁知道时间不长,公司里传出了令人匪夷所思的谣言。

事情的起因有点儿像电视剧里的桥段:有一天,S小姐和父亲,也就是公司董事长一起逛街时,被公司的一个小职员看到了。该同事不明就里,拍下了照片,并发给了其他同事。接下来，公司里谣言四起。大家都带着有色眼镜看她，其中还夹杂着睥睨不屑和几分嘲讽。她甚是失落、委屈，原本寻常的一件事，没想到最后却发展成这个样子。

S小姐对我说："别人眼中的你，未必是真实的，这个道理我懂，可恰恰是我懂得的道理给我造成了莫大的伤害。"

02

社会上有很多人都跟S小姐的那个同事一样，喜欢管中窥豹，用自己狭隘的生活经验，不经过任何论证就先入为主地轻易下定义与评论，比如，某某不是好人，某某很狡猾，某某人品有问题……这其中大多数都带有成见，通常会给别人造成不可估量的损失和伤害。

我们草率地对待这个世界，也草率地对待自己，从来不去认真思考自己究竟为什么要走这条路而不是走那条路，理所当然地认为自己的想法才是唯一正确的答案；缺乏爱心，对待别人不够宽容，对自己的敌人恨不得置之死地而后快；缺乏耐心，不愿意去了解别人，更不愿意在别人身上浪费一丁点儿时间；凭借自己的喜好和经验，对自己看不惯的事情指手画脚，并打上各种各样的标签，不允许别人反驳。

其实很多事情并不一定都是你看到的那样，就像那句话说的，骑白马的不一定是白马王子，也有可能是唐僧。

每个人都有很多面，在不同的人跟前需要展示不同的自己，谁都不能把自己的一切都呈现出来。有时候有些人甚至还会故意隐藏一些东西，以便和周围的环境和谐相处，就像我那个远房表妹一样。我们不能因为自己的轻率，就过度相信或者排斥一个人，犯下很多令人追悔莫及的过错。

03

我开了个小店，所以必须让自己看上去像个个体经营户。我不能逢人便说"姐跟你们不一样，姐会写小说，姐还出过书"，我也不会问我的顾客"我喜欢文学，咱们能不能交个朋友"，我只会用我的产品和服务去打动别人。有时候，他们看到我的案头有几本书，也会说"哦，你也看这些书啊"，我只会云淡风轻地告诉他们我纯粹是打发时间。

每个人的道路都是不一样的。你内心坚持什么，就好好坚持下去，千万不要因为别人的评价，就否定了自己奋斗的方向。真正做到心思澄明，心无旁骛，才能让你一往无前。也许现在的你依旧不够优秀，依然在挣扎，但请你不要放弃，只要坚持走下去，你就能看到别人看不到的风景。

别人眼中的你，从来都不是全面的，别人对你的看法，也未必就是客观的,你要对自己多一些信心,多一些耐心,多一些坚持。这个世界只有你才最了解自己,也只有你才能救赎自己,如果连你自己都怀疑自己,那你就真如别人管中窥豹只见一斑的那个样子了。

年轻的时候,你总想变得和别人不一样,做什么事都想向别人证明你有多出色。随着心智的成熟,你会发现以前的自己有多么幼稚。生活的打击和周遭的困难,让你不得不一次次放低自己的底线,向这个世界妥协,你不敢再有个性,不敢特立独行,有时候虽然你变得成熟,却失去了更多。生活总会教我们成长,但千万别放弃自己的个性,这才是你和生活叫板的武器。

你的坚持，终将收获美好

01

"她的声音带着微微的脆，有一种冰块裂开般的清冽。"听完佟菲的培训课程后，旁边的同事这样对我说。

佟菲是我们公司有史以来业绩最好、年纪最轻的女销售，却有一种超越年龄的成熟。短发、太阳镜、职业装等，无一不显示着她的干练。我想，男孩子们都仰慕她，女孩子们都羡慕她吧！

"我的房子、车子、事业，都是公司给的，没有公司，我什么也不是，你说，我有什么理由不爱公司呢？"她以一个反问句漂亮地结束了培训，提着无数女人渴望的经典款包包进入了同样令人渴望的名车，然后潇洒地离去。

"其实，她的口碑并不佳，为了拿单子什么事都能做得出来。而且听说她特别有眼力见儿,每当高层出现时,她就变得特别积极。"有同事念叨。

"而且只是个自考的大专生。"有同事马上补刀。

人在职场,注定要遭遇人性弱点的种种,无论是两面三刀,还是表里不一。

那些刚才还笑脸相迎的人,此时已经换了一副嘴脸。

人们习惯性地认为,一个成功者的背后,总是有很多不可告人的秘密,但我却觉得,成功背后更多的恐怕是难以为外人道的辛酸。

当然,无论他人把佟菲说得如何不堪,我都是不大信的。

虽然我才到公司两个月,并不完全了解,但那时的我,已经是一个成熟的职场人士了。一个人成熟后的最大变化,就是对周围人的话不再轻易全信和附和,因为,我已经有了自己的判断。

我与佟菲打过一次交道。一天,我忙着去参加一项业务洽谈,走着走着,忽然听见后面有人叫道:"嗨,美女,好久不见。"那是佟菲的非常有辨识度的声音,我回过头去,果然是她。她看着我,面带微笑,我还没缓过神来,她已经挽着我的胳膊轻轻道:"陪我去下洗手间好吗?"

我颇为狐疑地跟着她到了洗手间后,她便从包里拿出一双崭新的肉色丝袜来。顺着她的眼神，我才发现，我的黑色丝袜不知何时破了。"职业装需要根据季节搭配颜色，春夏浅，秋冬深……"她说。我明白佟菲的意思，现在已经是春夏初交时分了，不再适合穿黑色丝袜。我接过丝袜，不好意思的同时，也多了几分钦佩：这样的心细如发与兰质蕙心，很少有人能与之相比。

当然，这仍然不足以解释为什么一个28岁的女孩到公司不过三年便已经拥有了很多人想要的一切……对此，我一直心存好奇。

直到秋天，佟菲要回贵州安顿奶奶时，我才了解了佟菲是如何从艰辛到成功的全程。

02

佟菲是一个孤儿，只有奶奶一个亲人。来到我们公司以前，她只是一个家具商场的营业员，月薪不过区区800元，在这个时代，这仅能维持最低生活水平。尽管工资低得可怜，但佟菲依然充满了工作热情，做什么事都很认真。其他营业员犯困时，她在研究家具摆设；其他人偷懒时，她还是在了解家具摆设。渐渐地，越来越多的顾客会选择佟菲，因为她不仅会介绍家具，还能像室内设计师一样，给顾客提出很有参考价值的建议。

从一开始，她就比别人做得多。

成功的人永远比一般人做得更多更彻底。

做得更多一点儿，离梦想就更近一点儿。

由于她更努力更用心，所以，在公司一次例行化的演讲比赛里，脱稿上台激情澎湃的她得到了董事长的注意。她被调到集团办，从此独立承担任务，一个人下工地，一个人跟进工程项目，一个夏天过去后，以被晒成小黑人为代价，她得到了工程完成速度快得大大超过预期的回报。

她也一跃成为公司的重点栽培对象。

然而天有不测风云，正当佟菲干得如火如荼时，远在贵州的奶奶心脏病加重，她面临着回去照顾奶奶和继续工作的艰难抉择。

董事长知道后，二话没说就拿出5万元钱给佟菲，说："把奶奶接过来治病吧。"

公司的慷慨，换得了她的倾情相报。为了销售集团公司的偏远楼盘，佟菲实行苦力战术，不仅每天要见200个客户，还要努力集合一切营销资源，让销售率提高一些，再提高一些。渐渐地，佟菲成了公司的金牌销售。

"你们总是以为我年纪轻轻便已事业有成，活得比一般人都容易，"佟菲轻轻地说，"但其实，我一无所有，能拼的只有努力。那些认为别人命更好的人其实不明白，不是别人比你更幸运，而是别人比你更努力。没有伞的孩子，只能选择奔跑……"

我想，我终于解开了佟菲的成功之谜。

在这个世界上，没有走错的路，也没有一直走却没有收获的人生，但一定有不愿意走和半途而废的人。

有些人只会羡慕那些有收获的人，慨叹别人的好运，却始终没有想过要走下去，坚持下去，才有可能在自己选择的方向上得到收获。

你不积极,没有人替你主动

01

以前,有人跟我开玩笑时说过三个禁忌:晚上睡觉的时候,不要向左侧卧,你的器官会压碎你的心脏;千万不要在停电的时候拿着盘子去厨房,不然,一不小心摔了盘子,你就会被困在一地看不见的盘子碴儿中,一动也不敢动地站到天亮,能陪伴你的只有内心的痛苦和惆怅;冬天,路面结冰的时候不要太靠边走,不然,万一滑倒,眼睛就会被铁栅栏戳伤,地面极其湿滑,你一个人根本无法脱身,而来来往往的路人却对你的困境视若无睹。

如果不仔细琢磨,你就不会知道它们恐怖在哪儿!其实,这三个禁忌,都是前途未卜却孤立无援的恐怖情景。

你被这世界抛弃了,可怜得无以复加,以至于都不曾转念想一想，这些小概率的事件是不是无稽之谈？谁被自己的器官压碎过心脏？谁是被盘子碴儿划破了脚死掉的？又有谁在雪地上行走时不慎跌倒，被铁栅栏戳伤了眼睛？

我们的思维就这样被困死在了原地，宁肯相信那万分之一的可能，宁可封闭在自己的世界里，也不愿去冒险。

在困难和容易之间，我们总是趋向于选择容易，像对付曾经的考试一样从最简单的题目作答，稍有难度，我们就会选择放弃。

放弃的英文单词是"abandon"。每一本词典的第一个单词都是"abandon"，无论是考四级还是托福，每当我们背单词时，都会从"A"字头的"abandon"开始，但每一次都没有背完就放弃了。词典的编者像个高级"反人类卧底"，总是刚刚开始就告诉我们"放弃"。

02

这个时代，传媒公司都面临着激烈的竞争压力。我进入传媒公司的第一个月，就被分到了一个工作压力很大的小组——去向那些小有名气的作者约稿。当时的我，可以用一穷二白来形容，没有从业经验，没有作者资源，也不懂约稿技巧，更不知道如何才能打动相关作者。

我在网上搜索那些目标作者，漫天撒网般地发邮件、发私信，希望他们能够格外"开恩"，赏我一篇合适的稿子交差，但我所有的努力都石沉大海了。截稿日期越来越近，我的焦虑也与日俱增，有那么一瞬间，我后悔到了极点：我为什么要进入传媒行业？为什么要自不量力地做自己并不擅长的事情？为什么人事主管要把我招进来？我是不是不适合这份工作？

我鼓起勇气去找我的直属上司，得知我徒劳无功后，她的脸上露出了鄙夷的神色，随后，厌弃地丢给了我一份作者的联络名单。

我心中一阵咆哮：既然有作者联络表，为什么不提早给我？

我把联络表上的电话都打了一遍，而且态度诚恳、措辞文雅，至于声音，也是尽可能地甜美，但是，没有一个作者答应给我供稿。他们的拒绝都很直截了当，"不好意思啊，我没空""最近不在家""失恋了，心情不好，不接稿""陪孩子备战高考，不写稿"等等。其实这些都是借口，究其根本，不过是因为跟我不熟，我的面子不值钱罢了。

我沮丧到了极点，焦虑到每天晚上都会失眠。好不容易睡着了，梦里都还是和那些作者纠缠不休的情景。

交稿期限就要到了，我依然两手空空。是继续在焦虑中混日子，还是赶紧卷铺盖走人？我连试用期都没有过，完不成任务，铁定会被辞退。如果要留下，我该干点什么来拯救自己？想到上司的幸灾乐祸，想到她有给新人下马威的习惯，我就越发地心虚。一个声音不断地提醒着：走吧，离开这儿，你不适合干这个；走吧，离开吧，离开就没有痛苦了……

我不想走，所以还是硬着头皮扛着。如果一个人不想走，那么，办公桌上的水培绿萝、十点钟以后窗外投射进来的温暖阳光、好喝的奶茶、楼前婆娑的树，都会是他想要留下的理由。

但是，我已经坚持不下去了。不是我不热爱这份工作，只是我已撑不下去。再顽强的毅力，也抵不过无法克服的障碍，或许我应该认命。

03

同事的电话突然响了，我听见上司在电话里骂道："你就拿这个稿子来糊弄我？你知不知道我们的读者是什么层次？这么烂的东西你怎么敢交上来？"因为当事人不愿意接受采访，她没能完成既定任务，已经被骂得"一佛出世，二佛升天"了。我以为她会委屈地哭泣，但她只是沉默了一分钟，就拿起电话重新拨通了那个号码。那份慢声细语以及热情洋溢的样子，简直让我吃惊，仿佛刚才那顿臭骂不是大棒而是糖果一样。

我不由吐了吐舌,她今天所遭遇的不就是我明天交不上稿件时的后果吗?

我该退缩还是勇敢面对?那一刻,我想了很多。

记得我在驾校学开车时,暴躁的教练每次都会把我骂得一塌糊涂,而我总是愤而离座,掩面哭泣。

每当这时,教练就会冷笑一声道:"如果你心理素质这么差,索性别学开车了,考了驾照也是个马路杀手!"奇怪的是,听完他这句恶毒的话,我竟然又回到了车上继续练习起来,对他的冷嘲热讽充耳不闻。最后,我顺利拿下了驾照。

我已经不记得自己有多少次触底反弹,唯一清晰的是那些熬过去的心路历程。我深吸一口气,往喉咙里灌了一杯子水后,心情沉重地拿起了电话……我总不能什么都不做吧。

接电话的人,有的愤怒,有的无奈,有的轻视,有的敷衍,我都听得出来,但我还是坚持了下去。就这样,三天之后,我收到了我的第一篇稿件,我的上司看到那个牛气冲天的署名后十分震惊……当然,我也顺利入了职,正式进入了传媒大军。

你知道我完成第一个任务时一共打了多少个电话吗?97个。听上去很恐怖,但这比起另一些人,其实不多。一位做基金理财产品销售的姑娘跟我说,她一周内打过500多个电话,最长的十几分钟,最短的几十秒。她笑了笑说:"那时,我连胳膊都抬不起来了。"

我说:"那你一定完成销售任务了。"她点点头:"是的。我觉得,只要你够努力,老天爷都会帮你的。"

电影《龙猫》里有句台词:生活坏到一定程度就会好起来,因为它无法更坏。努力过后才知道,许多事情坚持坚持就过来了。

当我们拼命努力的时候,拼的不过是到了山穷水尽,谁还能继续坚持下去。挺过那段看似绝望的黑夜,就会迎来黎明的曙光。

真正主宰命运的人,从来不会放弃自己

01

"如果眼睛里没有泪水,灵魂就永远不会映出彩虹。我记得小时候,父亲常坐在饭桌前,问我当月有什么事情没做好。如果我参加校园剧失败,他会和我击掌庆祝。他总是鼓励我去失败。当时我没有意识到这件事将在多大程度上影响我的未来,影响我对失败的定义。"

这个因失败而受到鼓励的女孩叫萨拉·布雷克里,她的父亲知道,自己的女儿和世界上的其他人一样,有一件事是无法避免的:面对一次次令人沮丧的失败。

他的与众不同之处是选择与孩子一起庆祝失败,在这个过程中教会了女儿重新定义失败对于人的独特价值。正如这位父亲所料,随着年龄的增长,布雷克里遭遇的打击不再是参加校

园剧失败。在长达十年的创业生涯中，布雷克里尝尽了失败的打击，从一次次的失败中学到了至关重要的技能。这一切都源于父亲的教育：失败会带给你下一次的精彩。

不要惧怕失败，失败自有它的精彩。

02

有时候我们好像打开了潘多拉魔盒，好像被巫婆诅咒了一样，总觉得生活充满了厄运。

婚姻不幸的人，再婚也很容易不幸；得不到重用的人，即使跳槽依旧得不到重用……

同样的错误或者悲剧在我们的生活中反复出现，四处碰壁的我们不禁黯然神伤：我注定是个失败者！

我们也曾积极努力地去打破现状，以避免重蹈覆辙，可没什么效果。但当我们俯视一切，会发现社会诚如李笑来老师说的那样："每个人都是立体的，而非平面。"

我们觉得只要跳出自己的舒适区，只要不断打磨自己熟悉的技能，不断提升自己，就会生活得很好。可这是单一的思维。一个人的生活是多维度的。

我们要学习多领域的技能，要让自己具备随时可以跨界的能力，从不同的方面去寻找更多的可能。

比如厄运，它向我们展示了坏的一面，也让我们锻炼了"反脆弱"的一面，它让我们不甘平庸，参加人生的考试，获得新的灵感，变得更加谦逊……

当我们看清了厄运的本质，我们足以绝地反击，看到最美的风景。

03

如果遭遇了厄运，千万不要一味地责怪自己，一直回想是自己哪里做得不好才造成了今天的局面。不妨站在第三者的角度，想象着遭遇厄运的人不是你，而是你的朋友，你会给出怎样的劝慰？

要知道，把自己放在第三者的角度来看待问题，会让你更深刻地意识到事情的真相，以及你自己的优势和短板。

请记住，人无完人，我们有无限的潜能改变这一切，当我们遇到厄运时，做自己最忠诚的朋友。

我们的一生都是独一无二的限量版。厄运自有一番美丽，我们被迫应对时，却意外地收获了成长的最好机会。

如果人生是一部电影，只要不落幕，自己就有改变结局的机会——看似悲惨的人生也可以开启新的契机。

不逼自己一把,永远不知道自己有多优秀

01

如今已经是一家策划推广公司总裁的蓝枫,常常会想起自己年轻时的经历。

蓝枫不喜欢买化妆品,不喜欢名包,可以穿最平价的衣裳,可以吃街边小摊最便宜的快餐,但却不能忍受公交车的人满为患。

二十年前,蓝枫大学毕业后,成了一家广告公司的策划。住在Y城某个城中村里,每天花销只有5元钱,只能挤公交车上下班。而她化好的妆,梳好的头发,每次都在下了公交车后面目全非。

难道以后都要在挤公交、买菜、攒钱中度过?

"我的人生,只能这样了吗?"持续了一段时间后,蓝枫开

始怀疑自己的生活。

某天清晨,她起晚了,慌慌张张地出了门,汗流浃背地挤上公交后,艰难地抬手扶着拉环。一个猥琐大叔不断揩油,她欲躲无路,前后左右都挤着人,压根挤不到别的地方去。她正满腔恼火,旁边中年妇女的高跟鞋又踩了过来,她本能地喊了一声,中年妇女却只是鄙夷地瞟了她一眼,连句道歉的话都没有。蓝枫气不过,狠狠地瞪着她。妇人挖苦道:"要真那么娇贵,就别挤公交车啊。"

终于到站了,她奋力冲下车后,却发现一只凉鞋因为下车冲得过猛,掉在了车上,她单脚站在地上,眼睁睁地看着公交车疾驰而去。

既然已经迟到了,那就干脆去买双鞋吧,蓝枫想。

谁知,打开手包一看,钱包不见了。

她突然想起那个在她身旁的"猥琐大叔",一种从来没有过的委屈涌上心头,眼泪也"啪嗒啪嗒"地掉了下来。

那天之后,蓝枫发了疯似的创造赚钱机会,主业依然是策划,但有空就倒卖丝巾、围巾、面膜等,只要有机会赚钱,她都会去做。而她倒腾的钱,又都用在了各种培训课上。

一年后,她跳槽了,终于不用挤公交了,还住进了员工宿舍。有了更多业余时间的她,又开始学管理,学运营,练习社交礼仪。那样的拼，是很少见的。

　　两年后，有人看重了她的勤奋、努力、灵性、激情，以及对未来的渴望，于是与她合伙开了一家新的广告公司，自然而然，她成了公司的老总。

02

　　蓝枫说："年轻的时候，我们觉得认识几个大牛，或在大公司有个好职位就算是有人脉了。但当你离开的时候，你才会发现，所有的一切根本不是你的资源，你的竞争力很弱，根本没有力量可言。"

　　属于我们自己的资源，是我们自身拥有而别人拿不走的东西，如勤奋、勇敢、执着、激情以及持之以恒，有了这些，我们就能创造资源，凝聚资源。

　　当了老总的蓝枫，没过多久便把公司经营得如火如荼。很快，她就换上了雷克萨斯，又没过多久，又买了劳斯莱斯，还有了自己的司机。

　　不是为了装腔摆谱儿，她总是节约更多时间做想做的事，如敷面膜的时候看财务报表，一手打电话，一手做伸展运动……

　　再忙，她都会做保养。坐飞机时，她会贴面膜、看书、听音乐；平常没时间去健身房，就在户外快走，在车里活动筋骨；等飞机时练习瑜伽……于常人来说，即使有时间，也做不到每天都坚持不懈。生活已经很累了，回家就想躺在床上，哪还有精力为塑造自己而拼命？蓝枫的强大，非凡夫俗子能懂。

而今天的蓝枫年已不惑，还有个孩子，但她依旧身材曼妙，皮肤光滑有弹性，没有一丝皱纹，眼下还有着好看的卧蚕，看起来比少女还少女。

时光不仅没有让蓝枫变得沧桑，反而把她雕刻成了美魔女，永远神采奕奕，永远充满正能量。

蓝枫的故事让我明白，有时候，不被环境逼一把，我们就会陷在习以为常的平庸里，不去改变。有时候，我们能到达某种状态，都是被逼的。被逼着前行，被逼着坚强，被逼着独立，不逼自己一把，你永远不知道自己有多优秀。

第四章

**这世间没有
不可安放的梦想**

只有等你想明白，人生才算真的开始

01

现在很少再有人谈梦想，觉得它太奢侈了，可在如今这个崇尚梦想的社会，如果心里没有梦想，还真让人焦虑。

世上有两种人，一种人从小就知道自己以后要干什么，明白自己要去哪儿，知道自己要走什么样的路，这种人特别幸福。我有一位好朋友，他从小学一年级开始学画画，不到二十岁就有出版社找他出画册，现在已经过上了自己喜欢的生活。

另一种人就比较辛苦，比如我，每一步都是后面有人推着走，根本不知道自己要什么。看别人考上了公务员，活得安稳体面，自己也想去报名；看到视频里有个人操作电脑好厉害，就暗下决心也要掌握这些电脑知识；看辩论赛觉得高手说得好有道理，又想开始学哲学……拼命地去收藏，拼命地去下载，电脑内存一扩再扩，文件夹新建了一个又一个。可望着这些学习资料，心里依然是无尽的空虚与迷茫。

一直懵懵懂懂地往前走，哪有光亮就去哪儿，这种人特别辛苦，特别无奈，一辈子左顾右盼，终归是流于表面。

02

朋友娜娜是一位化妆师，刚开始学化妆时她很感兴趣，人聪明，而且又有天赋，很快就学有所成了。可等她步入社会，才发现化妆师的工作相当辛苦，刚入行的她工资也少得可怜。

娜娜很后悔当初的选择，一边抱怨命运不公，一边羡慕那些拥有一份体面的工作，拿着丰厚薪水的同学们。渐渐地，她对化妆也没有了热情，每天都在琢磨如何改行，幻想着可以自己做老板。

就这样，她举棋不定地工作了几年，时间匆匆而过，她别的没学会，本职工作也干得一塌糊涂。她也试着联系了几家公司，却都铩羽而归。那段时间她总找我聊天，心情很苦闷。

直到有一天，一件小事改变了她的态度。她回老家的时候，有两户人家都在挖井。其中一户选好一处地基，就在那里坚持不懈地挖，而另一户则是到处选地基，这边挖几米，那边挖几米。第一户人家早早地就挖出水来，另一户人家则忙活了好久也没有挖出一滴水。

娜娜说,那一瞬间她突然醒悟了,心猛地震颤了一下——多么简单的道理啊!想要早一点儿挖到水,就选好一处地基,坚持不懈地挖下去。

她终于锁定了自己的"地基",就是化妆。怀着很大的激情,她开始深入学习,什么脸型适合什么妆容,日系、韩系、欧美系、复古妆……她踏踏实实地钻研着,充分发挥着自己的天赋,很快就成了远近闻名的化妆师,很多人指名要她化妆,行业内有很多公司也纷纷来"挖"她,或者找她讲课,付她高额的讲师费。如今,她已经有了自己的工作室,专门和顶级的摄影棚合作。

当你真的用全部的努力和信心去拥抱梦想和希冀,不畏惧失败和泥泞,所有的美好都会为你而来。

所以,一味地去羡慕别人,还不如多在自己的优势上下功夫。有句话是这样说的:"如果你知道自己要去哪里,全世界都会为你让路。"我们需要给自己时间去成长,一边总结一边调整,当你终于明白自己想要什么的时候,你就会找到前行的路。

没有绝对的公平，只有绝对的努力

01

小严最近竞聘部门经理失败了，非常沮丧。谁都知道，他为竞聘付出了很多。竞聘的条件，他都一一达标：本来业绩平平的他，开始频繁地拜访客户；本来不太懂管理的他，开始积极准备发言材料；从小身体素质不好的他，开始每天跑步五公里……

竞聘前一个月，他就完成了任务指标，而且早早就把各种材料都交齐了。

没想到，还是失败了。我问他："是不是有竞争对手？"他说："是，而且是个劲敌。"对方不仅业绩好，而且情商高，能力强，背景深厚，最关键的是，她非常勤奋，能为公司带来不少业绩。

我笑说:"这就是了,你那么努力,为什么还是没有成功?因为比你优秀的人也在努力。所以,这也是相对的公平,反过来会促使你更加努力!"世间没有绝对的公平。你努力了,未必会成功,但要想成功,必须得很努力。除了努力,成功还需要很多条件,比如机遇、方法、人脉等等。

有时候,成功与否是个概率问题,不能让它绑架了我们的快乐和自信。

02

有段时间,大家在网络上热烈讨论我国的高考制度,都觉得高考制度不公平,因为各地区之间的录取分数线差别太大。但不可否认的是,正是高考制度,重塑了包括我在内的无数小城子弟的人生。

高考像是一场洗礼,既塑造了我们的品质,也彻底改变了我们的人生轨迹。如果没有经历过炼狱般的高三,我们就不会有如今的毅力和意志,如果不是因为高考,我们不会有机会走更远的路,看到更精彩的世界。如今回头去看,会觉得那不仅是一场考试,更是我们燃烧的青春。

参加高考,痛苦一年;不参加高考,遗憾一生。我们正是通过高考,进入了大学,而后又走上各自不同的人生岗位,承担起不同的社会责任。

大学是什么？大学是重塑我们的精神世界的地方，是把我们的思想打碎了重组的地方。

在大学期间，有人放任自流，整天旷课，甚至沉迷于网络游戏，也有人重新启程，努力学习，积极融入更广阔的社会。前者成了很多人嘴里说的"上过大学依旧找不到工作的人"，而后者则脱胎换骨，为自己的人生打下了坚实的基础。

大学是一个中转站，毕业之后会怎么样，全看你这几年是怎么过的。在大学期间不仅仅要学习文化知识，更要开阔眼界，锻炼能力，为再一次的出发积蓄力量。

无论高考多么残酷，被多少人诟病，你必须得承认，它是目前最公平的考试制度，也是当年的我们和一代又一代的普通年轻人无限接近梦想的通道。

03

正因为世界上没有绝对的公平，我们才需要持续不断地努力，以实现自己的梦想。

一次不行，两次；一年不行，两年；两年不行，五年。只要你认准了梦想，就持之以恒地坚持下去。总有一天，你用汗水浇灌的梦想之树会开花结果。

遭受不公平的对待之后，你会怎么办？比如，有人在应聘时托了关系，导致你的竞选资格被别人挤掉了，或者你的客户被别人撬走了，你会怎样？怨天尤人？心态失衡？郁郁寡欢？我告诉你，这些负面情绪只会拉低你的智商，耽误你的时间，破坏你的心情，恶化你的健康。除此之外，一点儿好处也没有。

有的人说："我们要勇于跟不良风气做斗争，我要投诉举报，我要将他们打一顿，我要发泄报复。"

或许，你真的可以矫正一些不良做派，但你不可能消灭世间所有的不公。而且，这些不理智的做法，最终消耗的都是你自己。

要学会调整心态，放下它，往前看，只有这样，你才能为自己争取更多的机会。

终其一生，我们需要学会的就是如何充满激情而又理智地生活。

不管做什么事情，第一，要尽最大的努力，做最坏的打算；第二，即使遇到坏的结果，也不要气馁，要斗志昂扬，储备知识，集聚能量，等待良机。

没有起伏的山脉，就称不上雄伟，没有挫折的人生，也注定不会精彩。不经历寒冬，怎知暖春的可贵？不曾身处绝境，安知重生时的惊喜？

你要相信，任何努力都不会白费，任何汗水都不会白流。

命运给你挫折，是为了激励你，给你坎坷，是为了成就你。这都是命运的恩赐，唯有智慧之人方能领受。这个世界很精彩，值得我们每个人为之奋斗一生。

为了梦想而努力拼搏的你，才是最帅最美的！

梦想没有"赏味期限"

01

2010年的夏天,我的远房表哥——小安,正坐在我家的客厅里接受着长辈们的思想教育。

小安这一年正值大学毕业,家里给他安排了一份专业对口的工作,他却屡屡拒绝上岗。

而这次谈话的主旨,大约就是长辈们认为大学毕业就一定要赶紧工作,老老实实就业,不要想东想西,"没个正经"。

我一面在自己的房间看书,一面将小安给我带来的漂亮糖果打开品尝。

客厅里长辈们有些生气的教训声、苦口婆心的规劝声不断交替着,在夏蝉嘶鸣的背景音里,仿佛一幕对白冗长的话剧。

我渐渐被那里的热闹吸引了注意力,不由得竖起耳朵倾听。

我期待着男主角小安的发声。可他始终只是"嗯嗯啊啊"地答应几声，任凭长辈们一个个轮流抒发着大同小异的见解。

终于，爸爸的声音传来："小安，大家能说的都说了。现在你说说你的态度吧。"

小安的声音从容而真诚："我知道大家都是为我好。但我已经下定决心了，无论怎么样，我都一定要去外面走走看看——我只想要给自己一年时间。"

沉默片刻后，爸爸问："为什么你一定要耽误这一年？一年的时间里，你觉得你自己究竟能够完成什么？"

小安迅速回答："我想要四处走走，一年就是我给自己的期限。期限一到，我就立刻工作。"

姨妈忍不住又提高了音量："好好的工作机会你不要，偏要用一年的大好时光去旅游……"

我在自己的房间，将一枚小安带给我的糖果放进嘴巴里。

很好吃，似乎比我吃过的任何糖果都好吃。

我将糖果盒子翻到背面，看到了上面印着的"赏味期限"：十二个月。

恰好同小安要求的一年一样长。

一年之后，期限已到，这甜美的糖果也许就面临着变质的危险。

而小安呢?

他现在努力争取的自由旅行,应该也就到了他的"赏味期限"了吧。

那一瞬间,我感觉莫名的怅然。

我想到童话故事里去闯荡世界的小伙子。

他们总是说"给我一年的时间,我要去做件大事给你们瞧"。故事的后来,他们得到了魔戒,遇见了被巫婆诅咒的公主,或者听懂了动物说的话,统治了一个无主的王国……最终成了一位了不起的大英雄。

可是小安并不生活在童话里。

一年过去,也许他只有接受他并不喜欢的工作,安心过上普通平凡的生活。

当一年真的过去后,我才发现我当初的伤感是多么多余。

小安告诉家人,他决定接下来向旅游业发展。接着他便掏出了自己在一年时间内考取的导游证,表达了自己要继续"游山玩水"的决心。

"你一个法学专业的高才生,为什么要去当导游?!"电话这边,姨妈对他嘶吼。

但也许是法学专业的出身造就了他能言善辩的优势——

最终,小安又与家人顺利定下了"三年之约":

"再给我三年时间,假如我在旅游业混得不够好,我就收起心来,找一份让你们满意的工作。"

三年呀……妈妈跟我说起这件事的时候,我的第一反应就是:那是很久很久的时间啊!

在年少的我看来,三年的时光,似乎可以造就许多难以置信的改变。

我不由得看了一眼角落里放着的漂亮糖果盒。

那是一年前小安带来的。如今赏味期限已过,糖果早就被我提前吃完,只剩下精美的盒子舍不得扔,用来存放些零散的小玩意儿。

后来的后来,听说小安又说要再等三年,然后又是三年……

直到现在,他在长辈们口中,已经成了一个"特别会谈条件的固执小孩",而他认真地向家里要求一年时间的情景,也已经成为大家笑着提起的有趣往事。

小安其人,似乎也与我越来越远。

直到前不久我计划着一场出国旅行,由于语言不通,还是考虑联系旅行团。

妈妈不经意地说:"去找小安好了呀,让他好好给你介绍介绍,再拿个内部好价钱。"

我有些震惊:"小安哥哥?他现在在哪里?"

妈妈轻松地说:"不还是在开那个旅行社嘛,搞得挺不错的。"

我连连追问细况,妈妈也迷糊起来:"都开了好几年了呀……没跟你说过吗?我以为你知道……"

原来,在我不知道的后来,小安已经有声有色地开起了自己的旅行社,一切踏上正轨,欣欣向荣。

我又想起十年前的那个夏天,他在我家的沙发上,恳求大家给他一年的时间。

02

我曾经以为那一年就是他的"赏味期限",供他游览山水,完成内心夙愿,而后回归平凡人的生活。

可是在这一刻,我突然恍然大悟:

打从一开始,小安就从来没有把那一年或者三年当作自己的"期限"。

那只是他将追求梦想的蓝图规划成了一段段的短期目标,好让自己更加踏实地奔向正确的方向。

他从取得资格、顺利入行到升至管理层甚至创办自己的公司,一切都是在一段段"期限"般的时间里完成的,却最终拼出了一个完整的梦想。

我突然想起来十年前的那个夏天，我送小安和姨妈出门。

他情不自禁地在我家门口的旅游挂历前驻足了好一会儿，差不多将每一页都翻了个遍才罢休。

这些世界上美好的景致，终究会被他一一踏遍。

这是他一开始，就打算为之奋斗的美好未来。

有时候我也会忍不住想，如果那一年的时光里，小安没有考出导游证，还会有接下来的三年吗？

或者，在后来的时间里，他始终都没能进入管理层，更遑论有朝一日能开创自己的旅行社——那么，他最终会放弃吗？

我更愿意相信答案是"不会"。

对于小安来说，挂念着万水千山，从来就不是为了将每一段旅途"完成"，而是为了享受一直在路上的喜悦。

每一次的抵达，都在向下一次的出发靠近。

每一次的驰骋，都开阔了心里那片向往自由的天地。

后来，我听很多人说过"给我几年时间"这样的话。

他们中的有些人，目光犹疑，疲惫不堪——或许，这几年的时间只是让他们理所应当地选择放弃的一个借口。

对于这些人来说，所谓的"梦想"，只不过是一种带着"赏味期限"的渴望。

而其中的另一部分人呢？

他们纵使历经辛苦，眼睛里依然在发着光。

他们明白自己心中梦想的价值，所以毫不惧怕踏上一段漫长而艰辛的旅途。

对于他们来说，时光的流逝永远都无法改变梦想的重量。

所谓真正的梦想，应当坚定、持久、安静而富有力量。

它绝不需要激情与幼稚来作为自己维持新鲜的防腐剂。

它应当永远存在，并且历久弥新。

真正的梦想不是糖果，不该有属于自己的"赏味期限"。

不是船长,也可以梦见大海

01

我曾经以为,可以让我们"无风自动"的,是内心澎湃着的梦想,是奋发的勇气,是坚强的信念,是巨大的希冀得到实现的那一瞬间灼目难耐又让人向往的光芒。

可是,直到亲眼看到梦想与现实远远相隔,我才慢慢明白——其实在这个世界上,喜欢一件事情,最伟大的不是时时刻刻对它念念不忘,而是能够接受所有你与它可能发生的结局。

生存在这人世间,我们所能够做到的最勇敢的事,就是无论发生什么,你依然喜欢着自己。

唯有爱并且相信着自己,才能宽和地爱并且相信着这个世界。

02

一起长大的幼时玩伴中,"小白船"绝对是个让人难以忘怀的名字。

经历了各自的升学、成年、搬家,昔日亲密无间的小伙伴们都早已渐渐失去了联络。我已经忘记了后院的两架秋千究竟哪只底座被偷偷刻上了我的名字,也记不起昔日时常和另一个小馋妞翻墙出去买的玫瑰糕是什么味道。

但是我仍然记得小白船,并且能够清楚地回忆起这个名字的由来。

小白船曾经是所有我认识的小男孩里最瘦小的那一个。他总是像个小跟班一样,跟在一个人称胖虎的男孩身后,不善表达,性情温和,一切需要选择的事情,答案永远是好脾气的"随便"。

唯一不能"随便"的,是别人称呼他的方式。

"你好,请叫我小白船长。"

没错,他就是这么说的,无论自我介绍的对象是胖虎还是耳背的门房大爷。

"……什么船长呀!你在说啥!"这是胖虎第一次听到这句话的真实反应,也是所有伙伴们内心疑惑的共鸣。

"我很喜欢船、大海这些东西,长大后想当船长,所以大家都要叫我小白船长。"小白船耐心地解释。

"那等你当上船长了,不是每天能听个够吗?为什么现在就要这样叫?"片刻的集体沉默后,一个伶俐的小伙伴说。

"我怕以后当不了,所以现在先听听。"小白船的回答真诚而坦然。

"……太傻了,还不如叫你白痴。"胖虎鄙夷地说。小白船本就姓白,所以胖虎一定认为自己起的这个外号很机智。

谁知瘦小的小白船听到这话后,咬起牙来,原本温和的小眼睛里露出了凶光。

继而他迅猛地撞在胖虎的身上,将敦实的胖虎一下子撞进了花坛,自己也随之扑倒。

他迅速被健壮的胖虎擒住:"你发什么疯!"

小白船抽抽鼻子,突然哭了起来:"你们为什么不愿意叫我小白船长!为什么!我真的很希望当一个船长!"

这连续的反常举止让大家惊讶不已。还不到十岁的我们尚无法理解当下的这种尴尬,只是隐隐地意识到:这个古怪的称呼似乎对这个古怪的男孩来讲非常重要。

后来,我们都乖乖地叫他小白船长,喊得久了,慢慢就演变成"小白船"。

"现在都没人叫你小白船长啊,你会生气吗?"某日放学路上我问他。

"不会啊。现在我的外号里,还有一个'船'字呀。"小白船笑眯眯地说。

我还记得那天我因为奥数考试不及格而哭肿了眼睛,而他双手抓着书包的双肩带,一副踌躇满志的样子。

院子里的孩子们渐渐长大,从同一个小学考去不同的中学,却丝毫没有影响一起玩耍的愉快。

小伙伴们还是那群人,只是大部分人心里的梦想渐渐被修改。

曾经抱着地球仪想要当科学家的小男孩,上地理课时震惊地发现"原来这么无聊",于是果断放弃;想要当演员的小女孩在小学毕业后越来越自卑,遂决定转行,准备去做"不那么需要美貌"的歌星。

小白船则依然爱着他的帆船。他房间里摆放的模型越来越逼真,书本上贴满了各种轮船、军舰的照片。

——不过,当船长应该是真的不可能了吧。因为后来发现,他坐公园里的海盗船都会晕到吐。

"没事啊,还可以学造船。"小白船吐完之后,平静地说,"我在书上看到北方有一所轮船类的大学,准备以后去那儿,念个轮船工程之类的专业。"

听到他对于自己大学修习的专业已经胸有成竹,尚未想好高中文理去向的我顿时对他肃然起敬。

到了中考前,小伙伴们开始越来越繁忙,加上有几家搬出了这座院子,聚会的次数也就日渐变少。

再后来,小白船去了一所需要住校的高中,从此便没在院子里看见他的身影。他就这样慢慢与我们断了联络,在自己的世界里继续热爱着他的帆船与大海。

高考后填志愿,我想要报考中文,却最终还是被爸妈说服,选了"更有用"的法律。那天,我有些郁闷地下楼转悠,竟在院子里遇到了许久未见的小白船。

他依然很瘦,个头也不高,却满脸喜气。

"你报了那所轮船学校,是吗?"我羡慕地问。

他点点头:"我对比了好几年的分数,又照着答案把自己的成绩估了六次,应该能进,终于能做自己喜欢的事情了。"

我为他高兴,同时也为自己的选择感到怅然。

那个坐在花坛里哭着要我们叫他"小白船长"的小男孩,已经成为一个勇敢的少年。

然而,事情的进展并非那么顺利。

高中毕业后,我听胖虎提起,小白船遭遇了一件"简直太匪夷所思"的事情。

"没错，他是被那所学校录取了。"胖虎说，"可因为分数偏低，被调剂到了别的专业。"

我惊愕万分："那他还好吗？"

"还可以，他说去了大学再转专业。"胖虎说。

上了大学之后，有了社交网络，许多失散的小伙伴们都纷纷搭上了话。我也找到了小白船的账号，他的主页里分享的全是轮船的照片同视频。

"小白船，你怎么样了？"我问他。

也许是感觉到自己距离梦想越来越远，我很想从这位昔日最勇敢、最执着的小伙伴身上得到些许正能量。

"我们学校不能转专业。我现在每天学的东西，都跟轮船一点儿关系也没有。"他很快便回复我。

"……那怎么办？"我小心翼翼地问他。

"就那样呗。毕业工作，大家都一样。"他依然很平静。

我却有些怔住地愣在电脑前，不知所措地注视着那一行平静的字。看着看着，每一个字符仿佛都渗出些难过。

"那你多保重。很多事情，放在心里也一样。"过了好一会儿，我说。

03

大学毕业后不久，我在街头同小白船偶遇。

"嗨，小白船！"难得见到儿时玩伴，我兴奋地同他打招呼。

他有些害羞地脸红起来："高中毕业后，都没人这么叫过我了。"

我们找了一家咖啡厅，聊到彼此的近况。

意料之中，情理之外——小白船大学毕业后，就从事了一份和轮船没有任何关系的工作。

"投了好多简历，都失败了。确实没那么容易啊！我爸妈说，还是踏踏实实过日子好了。"他仍旧是那种平静而淡泊的语气。

——就如同小时候他说"你们来挑吧，我吃什么都可以"时，那种平静的语气一样。

"挺遗憾的。"我忍不住说。

"也不会呀。"他笑着回答，"这个世界上，大部分人做的事情都不是自己最喜欢的，而是最容易选择的或者对自己最有利的。有时候就算你有足够的勇气去选择一件你喜欢的事，却未必可以得到它——这太正常不过了。"

我被他的逻辑弄糊涂了："这样说来，你到底还是觉得做不到也无所谓了，这不就是一种退步吗？"

他显得认真起来，沉默了一下，然后问我："说实话，我没有当上船长，做的工作也和轮船一点儿关系都没有，彻底成了一个所有人眼中的普通人——这一切，是不是让你有些失望？"

我不忍心说出实话，却又不想骗他，只好轻轻点了点头。

沉吟片刻，我将心里的话一股脑儿地说了出来："你知道，因为我们一起长大，我看到你那么热爱轮船，被打了也要坚持让大家叫你小白船长……我一直觉得，你是所有小伙伴中最勇敢的一个。"

"谢谢你。"他说，"可是你有没有想过，即便是所谓的梦想，假如看得太重，也很容易不小心就伤害到了自己呢？"

看到我一脸茫然，他继续说下去："我还记得，你从小学习成绩就很好，有一次却考砸了，不敢让家长知道，就偷偷把卷子藏在《小哥白尼》里。"

我不好意思地点点头："是啊，结果隔壁的女生把我的《小哥白尼》借去看，后来大家都发现了我藏起来的卷子……"

这件事情曾经作为"原来学习那么好的×××居然会做这种事"的笑柄被院子里的家长一度津津乐道，让我感到无地自容。

"提这个可不是为了让你难为情，"小白船说，"只是想要让你更加明白我的感受。"

"你把卷子小心翼翼地藏起来，就是因为你害怕有人知道自己考砸了——因为你感觉到，那样他们就会对你失望。可是这样其实很悲哀，不是吗？你只是个普通的初中生，却连一次考砸的权利都没有。"

我点点头。

还记得小时候，由于我在小伙伴中学习成绩最好，每学期的期末考试我都要被大人们轮番询问分数。假如没有达到他们的心理预期，对方脸上便会浮现出失望的表情——嘴角微微向下，眉头蹙起，眼睛睁大，仿佛我考得不够好对他们来说是一种伤害。

这副表情就如同一个魔咒，瞬间刺入我的心里，让我也开始惶恐地质疑自己：我为什么这么糟糕？

当我拿到那张分数低得惊人的试卷的时候，我马上就想到了那副失望的表情在所有熟悉的面孔上依次出现的场景，继而变得很紧张。老师在讲台上讲解题目，我却满脑子都是"如何让这张试卷消失"。

是啊，就像小白船说的那样——那时候的我，竟然连一次考砸的权利都没有。

"我想你后来已经明白了，那些对你表现出失望的人，其实只是完全以自己的标准要求着你，并且轻易地给你下定义——这是一件非常糟糕的事情。"小白船继续说。

我点点头:"幸好,这种糟糕的事情已经随着我的长大渐渐影响不到我的心情了。我再也不会因为别人一个失望的表情,而感到自己一文不值。"

他也点点头:"是的。随着我们的成长,我们渐渐地变得坚强,不再受这些事的干扰。可是你明白那种被否定、被轻视的感觉对人的伤害,对吗?"

"嗯。"

"其实,最容易让我们被否定的,往往并非其他任何人。"他叹了口气。这句话让我有些惊讶。

"在我发现转不了专业后,我心里痛苦万分,感到无地自容。但很快我就意识到:为什么我会感到无地自容呢?仿佛我没有实现自己的梦想,竟成了天大的罪过。

"在我大学那阵子,假如一个人冲上来告诉我:'喂,你那么热爱轮船现在却跟它一点儿关系都没有,简直太可笑了!'我最多只会稍稍有点儿感触,但很快就将这件事抛之脑后。可是最可怕的,是我一直在对自己失去信心。我比任何人都知道,我喜欢船,喜欢大海,这种喜欢真诚到不能更真诚。可也正因如此,我才比任何人都希望自己可以梦想成真——尤其这梦想听起来也不是那么难,对吧?

"在我毕业那阵子,我又燃起了希望,投了好多简历,不死心地要去海上工作。但最终呢？情理之中，没有人要我。我那时候觉得自己为什么这么失败？可是也许实在是低落到了极点开始想要自救，我开始一遍遍地想：现在这样的处境，真的是我的错吗？我现在依然喜欢着关于轮船的一切。成为不了一名船长或者船舶工程师，让我觉得遗憾，但我不能够因此否定自己——因为假如你被自己否定了，那种感觉就像亲手丢掉了手里的蜡烛，让自己的明天变得一片黑暗。"

他将杯子里的最后一些咖啡饮尽，歪着脑袋看着我，仿佛在等我说些什么。

我有些语塞。

我想过太多太多小白船可能会同我分享的话：远离梦想的苦闷、手足无措的无奈、追忆往昔的感慨……我甚至想到我面对他时，我该如何真诚而又不显虚伪地对他予以安慰。可是我没有想到，最终他告诉我的是——

不要被你的梦想否定了自己。

04

我看着眼前的小白船。他确实成长了许多，无论是外表还是内心。

现在他正坐在我对面，眼睛里的光芒坚毅却又温和："我不想把自己的未来弄糟，希望你也是，继续喜欢着你所喜欢的事情，去做你想要做的，然后从容地面对所有可能的结局。"

我有些惊讶，继而又很快了然。眼前的小白船，一定早已洞穿了我内心偏离梦想所致的自卑与悲观。

我突然想起了小时候，那个瘦弱的小男孩从怀里小心翼翼而又神奇无比地掏出一艘军舰的模型。

"看，这是我最喜欢的一艘，是不是很壮观！"

在那个时候，他的眼睛里，便是闪烁着这样坚毅而温和的光芒。

现在的小白船，和我小时候看到的小白船似乎并没有什么不同：他喜欢关于帆船的一切；他还没有见到过大海；他勇敢而坚定，像是一位永远不会迷路的船长。

结账的时候，小白船掏出钱包，我看见在那透明的相片位里，放着一张熟悉的帆船照片。

就在那一瞬间，我突然觉得温暖而又如释重负。

我们所热爱的、所向往的、所念念不忘的，都将成为我们生命里的一部分，忠诚地留下印记。

而我们所能够做到的，无论多么有限；我们最终得到的，哪怕微不足道；我们现在的样子，就算毫不起眼——也永远都不该成为我们妄自菲薄的理由。

在这个温暖而陌生的世界中，对于别人的否定，我们总是可以敏锐地察觉，并且树立起自我保护的意识。

可是事实上，那些最难以察觉而又威力巨大的否定，往往都源于我们自己。

人生那么长，不是你想要得到什么，便可以得到什么。我们都很容易明白这个道理，却又难免对于"不能成为自己想要成为的人"而耿耿于怀。

人们都说：念念不忘，必有回响。可是当你身在其中的时候，你会明白那种等不到回报、看不到希望的焦虑——那时候你会觉得，这话其实是在告诉你：假如你现在还没有听到回响，你简直失败至极。

尤其是在很认真、很勇敢地追求梦想的时候——这种冲刺一般的执着一旦遇见了阻碍，一不小心，原本的热情期待就会成为妄自菲薄的前兆。

日复一日，即使只能够留在远离海岸线的陆地，真正的船长依然值得拥有他的"船尾之梦"。

终有一天，梦想与现实将会交融在勇气里。

那时，你会发现——

所有等待与奋斗的光阴，都化作了生命中一股永恒温暖的洋流。

人活着，总要有点儿奔头

01

京郊有一个志愿者团队，常年坚持在志愿一线，领队叫苦雨，是一个户外服装品牌的经营商。

多年前，他带家人去某景区游玩，见到很多游客随意扔垃圾，好好的景区变成了不堪入目的垃圾站，心里很不是滋味。随后，他开始在网上发帖征集志愿者到景区去义务清理垃圾，没想到应者云集，大家纷纷表达了对不文明行为的不满。那一次之后，他常常组织此类公益活动，并从中找到了内心的快乐。后来人多了，七嘴八舌说什么的都有，有人说他作秀，有人说他是形式主义，还有人说他爱出风头，但苦雨都一笑置之。

多年来，他和众位志愿者到景区或者山上捡垃圾，去福利院陪伴孩子，到敬老院看护老人……他们把平常的日子过得如钻石一样闪闪发光。

随着参加活动的次数越来越多，志愿者们越来越热爱公益。他们也通过做公益，散发了更多的光和热，影响到了更多的人。

他们的事迹被《北京青年报》等媒体报道出来，连市级领导都对他们的行动表示支持。在一些节假日，还有市级领导跟他们一起去捡垃圾。现在，更多的人受他们的感召，踊跃地加入了志愿者团队，他们的团队越来越大。

生态是城市的脸面，没有生态，哪里还有诗和远方？

02

密友果儿家境不错，有一阵子，她常常受到家庭琐事的影响，很是闷闷不乐。

不知从什么时候起，她结识了很多热爱旅行的朋友，也经常跟着他们到处去旅行。家境殷实的她跟着旅行的队伍，不仅踏遍了祖国的大江南北，而且足迹遍及世界各地。

她经常在微信朋友圈分享一些美景和美食的照片：在太平洋看日落，在尼加拉瓜看瀑布，在柬埔寨体会异域文化，在墨西哥感受异国风情，去俄罗斯游红场，在拉斯维加斯逛赌场……在所有的照片里，她都笑容灿烂。

多年的游历让她的眼界变宽了，格局变大了，整个人仿佛脱胎换骨，从原来不断纠结柴米油盐的烦恼中完全脱离了出来，跟之前判若两人。虽然，她回来之后还是该买菜买菜，该做饭做饭，但是她的气场已经发生了翻天覆地的变化。遇事宽容，爱结善缘，凡事留余地，不钻牛角尖，所有的负能量都已经悄然远离她。

她说："古人说'读万卷书，行万里路'，果然没错。"旅行，激发了她内心的能量，让她遇到了更好的自己。

03

歌曲《生活不止眼前的苟且》中有一句歌词："生活不止眼前的苟且，还有诗和远方的田野。"对于苦雨和他的众多志愿者伙伴而言，做公益就是他们的诗和远方，对于果儿来说，旅行就是她的诗和远方。

不是每个人都足够幸运，能将梦想和现实合二为一。他是清洁工，但私底下特别爱看书，通过看书，他变得跟别人不一样了，他勤勉敬业，就连简陋的房子也收拾得非常整洁；她做了一辈子的营业员，但最爱的却是绘画，只有在绘画中，她才能找到真正的快乐；他是一名普通的职员，却总爱舞文弄墨，虽然知道自己成不了作家，却能在文字里获得自由；她是老师，却热爱摄影，业余时间经常混迹于各种摄影团队中，虽然技术还有待提高，但那却是她最爱的事情。

"诗和远方"并不是什么高不可攀的事情，只要一件事情能让你浑身上下都充满正能量，能让你焕发出真正的神采，能让你擦干眼泪，能让你摆脱苦闷和困境，能让你浑然忘我，越活越通透，能让你变得积极向上，那么，它就是你的诗和远方。

你此生所向，就是找到你自己的"诗和远方"，然后去热爱它。

如果你喜欢烹饪，那么就好好热爱厨房，厨艺就是你的诗和远方；如果你喜欢植物，那么就把你的小家装扮成植物的天堂，那些植物就是你的诗和远方；如果你喜欢唱歌，只要不妨碍其他人，就尽情地去唱，那里面藏着你的诗和远方；如果你喜欢绣十字绣，只要能确保颈椎和眼睛的健康，那么就尽情去绣，它就是你的诗和远方……

不要抱怨生活无趣，不要混入是非圈子，不要总是怨天尤人，不要时常惆怅悔恨，找到你的"诗和远方"并热爱它，你一定能发现完全不同的自己，闪闪发亮的自己。

梦想就在你触手可及之处

01

闺密秦姑娘在微信里跟我说,为了年末的各种汇报、各种报表、各种总结,她经常加班到深夜,已近乎疯狂。前不久,她刚刚用两个月的飞行里程换了东航的白金卡,一周飞三个城市,签了四份合同,连公司的年会都没赶得上参加。

"同事们都说我白白错过了搭讪销售部帅哥的机会。"秦姑娘苦笑道,"天知道我是真的没有心情看帅哥,只想倒在家里的床上好好睡一觉啊。"

抱怨完了,她转移了话题:"你给我留个地址吧,我寄本画册给你,希望你别嫌弃。"语气中带着羞涩和掩不住的开心。

我非常惊讶,差点儿连语序都错乱了:"你出书了?"

她不好意思地笑着说:"哪里哪里,不过是找了个出版社的朋友帮忙印了几十册,给二十六岁的自己留个纪念。"

02

秦姑娘的梦想是当个画家。她从小就酷爱画画,素描班、油画班、国画班报了一期又一期。

上大学的时候,她更是每一场画展都不会错过,我被她拉着去看过几次,每次都是睡眼蒙眬地,被她拖着走过长长的画廊,听着她激动地啧啧赞叹。

最远的一次,她坐了60多个小时的火车硬座,去听她喜欢的画家办的一期讲座。回来后,她像打了鸡血一样买了许多昂贵的颜料和画笔,我还记得她小心翼翼地掏出来一块像是干硬的黑面包一样的东西,一边神情郑重地说"这一块面包橡皮,是我一周的饭钱",一边毫不犹豫地捏起面包橡皮轻轻擦去那素描纸上画错的一笔。

可是她的画技并不好,即便是我这样的外行,也不想虚伪地称赞她画得好。老天并没有因为她的狂热和勤奋,让她多一些天赋。创意平庸,画技一般,她自己都知道,所以每一次寄出插画又收到退稿信也只是默默地收起来,然后拿起画笔更加勤奋地练习。

她那样喜欢画画,痴狂到我们都认为她一定会坚持走在成为画家的道路上,即便风吹雨打也依然乐此不疲地走下去。毕竟,这是一个对梦想更加宽容的时代。

即使你抛弃一切,即使你身无分文,即使你什么成就都还没得到,只要你说自己是在追梦,便一定会有同行者和支持者,陪伴或者鼓励你走下去。

可是,秦姑娘没有如我们所想。

毕业时,她签工作的速度比谁都快,早早就进了一家房地产公司。两三年后,她升职的速度也比谁都快,早早地就坐上主管的位置,每天忙得天昏地暗。

她没有再提过画画的事情,我们也没有再问起过。应该是已经放弃了吧,像我有摄影的梦想,像他有环游世界的梦想,像许许多多人都有自己的梦想一样,大多数梦想都无声无息地消失了。

在现实面前,丢盔卸甲的人太多,年轻时的梦想在现实的刀斧下不堪一击,一点点碎裂成尘埃,洒在成长的道路上,还不时闪亮一下以提醒我们,回头看看吧,梦想曾经是多么美好的东西。

秦姑娘怎么能免俗?她不过是个普通的姑娘,有工作要做,有房贷、车贷要还,有父母要孝顺,将来还会有孩子要养育。

她跟千千万万的人一样,在现实面前有无数个不得已。

03

收到她寄来的书时,我还是忍不住吃了一惊,封面清新典雅,内文排版精美,象牙白的油光纸涂着浓烈得化不开的色彩。而她的画工,还是那么差。

"我知道我自己画得不好啊。"她在微信里轻描淡写地说着,连一点儿沮丧和自嘲都没有,像是在说别人,"所以我没有将画画当作一条谋生的路,我现在的工作做得还不错,如果梦想这个东西它不能养活我,那我就养活它好了。你别看我出版的画册只有区区几十本,这可花了我小半个月奖金呢。怎么样,纸质不错吧?"

这个时代喜欢剑拔弩张,无数放弃了工作、恋爱甚至家庭去追寻梦想的人用行动告诉我们,梦想和现实大多数时候都势不两立,要么不顾一切去成全梦想,要么心甘情愿泯然众人。坚持梦想或者妥协于现实是个单项选择题,你慎重思考然后下笔,填好了答题卡就不能回头。

我们中只有一小撮人能以梦为马,而对于大多数人来说,不足以担负起梦想却依然固执坚持,才是最最辛苦的人生。

秦姑娘的那句"如果梦想这个东西它不能养活我,那我就养活它好了",说得简单又坦然,好像梦想原本就不是在我们厌倦时用以逃生的路,而是一朵娇花,扎根在红尘之中,需要现实带来的金钱、人脉、物质、经验为它遮风挡雨、浇水施肥。

或许这才是梦想与现实最本真的关系,不论时光如何流逝,世事如何变迁,人生如何无常,不用回头就能看见梦想在触手可及之处,像是冬季黎明时分一盏昏黄的路灯,时刻传达着微茫的美好,提醒我们曾经的自己是什么样的人,有过什么样的心情。

无论你是成功还是落魄,无论你正在走的路和最初想象的有着怎样的差距,只要你还挺着腰板往前走,就是再好不过的事了。

这世界辽阔，我们总会实现一个梦

01

小时候总被问到理想，我的理想是想像母亲一样，当一名人民教师；而孟一凡想像她母亲那样，成为一名救死扶伤的医生。

后来，我们在文学作品中知道了作家三毛。这个女人很神秘，有着海藻般的长发，披着霓裳般的长布裙，文字里透着一种不羁，很多女孩都为她着迷。

因为三毛，我们才知道，原来世间还有一种梦想叫流浪。而流浪这个词，在三毛说出之前，总是让人联想到粗鄙。

在我们这座小城里，孟一凡的父亲是第一个去"流浪"的人。他办理了停薪留职，南下到深圳去做生意。

几年间，关于孟一凡父亲的事情到处流传：他赚了很多钱，后来涉嫌偷税漏税被查，一夜之间破产了，重新到街头摆摊……

最失意的那年，他又回到了小城，我去孟一凡家还书时见到了他。他沉稳了许多，再不见当年的意气风发，但人很精神，丝毫不见疲乏之态。

我轻声问好，放下书就要离去。"你是那个长大想当老师的姑娘？"他问我。我说"是"。

他爽朗地笑笑："当老师固然是好的，安稳，可你就没想过做一个更大的梦？"

"更大？多大……算是大？"

"比如，把别人吓一个跟头，吓得目瞪口呆……那么大！"

孟一凡的母亲嗔怪地瞪了丈夫一眼："别瞎开玩笑，她还是个孩子！"

他笑了，转头又问孟一凡。

孟一凡不说话。私下里，她说父亲自从去深圳回来以后就魔怔了，说话总是不着调，动不动就跟她谈理想和人生价值，常用的一个词就是：含金量。

他说："人的梦想太少，含金量就低，这样的人生没有价值。"

而孟一凡总用激烈的措辞反驳父亲。

02

就在这一年,我们读到了三毛,仿佛从地狱里伸出了一只手,把我们拉入了一个深渊。这是一种前所未有的人生体验。像三毛那样的梦想,究竟是对还是错,我们无从判断,但是我们突然觉得那种梦想竟然是如此令人向往。

孟一凡说:"世界上竟然有这样的人,这样的梦!"

我说:"是啊,她做了我们不敢做的事,像私奔一样去谈恋爱,像潜逃一样浪迹天涯。"

"多好!"我们俩都忍不住喟然长叹。不知是孟一凡的父亲还是三毛,修正了我们的梦想,我们越发觉得自己的梦想狭小和无趣了。

孟一凡问我:"你还想当老师吗?"我问孟一凡:"你还想当医生吗?"我们不约而同地摇了摇头。

我们的思想中被植入了一颗"蛊惑"的种子,不再安分守己,各自把梦想放大。我们都抛开了从前的梦想,决心走在路上,边走边看。

报考大学的时候,我去了远方,孟一凡去了深圳找她父亲,我们几乎是同时踏上了"流浪"的旅程。

几年后我们再次联系到对方:"你还在做梦吗?梦想还那么不着边际吗?"

答案是肯定的。人老的标志之一，就是梦想越来越小。而我们还年轻。

我们都是被梦想惯坏的人，不甘心在小城混一辈子，所以一直在外面打拼，然后慢慢拥有了自己当初追求的一切。这种感觉，是固守安逸的人永远体会不到的。

那些生命中的旖旎风光只有我们能懂。

即使低到尘埃里,梦想也要高高举起

01

我认识一个由外地落户北京的姑娘,叫林。林刚刚二十五岁,却活得像五十二岁。林是个好学生,高考那年,她以高出一本线六十分的成绩考入了北京某重点大学,大学毕业后,她又以专业排名第二的成绩考上了本校的研究生。

父母都是面朝黄土背朝天的农民,劝她要追求稳定。毕业那年,她开始努力准备北京的公务员考试,因为在父母的眼里,能留在北京,成为一名北京人,是最幸福的事,而且政府部门的工作也是"铁饭碗"。

作为曾经的高考状元,她自然很擅长考试,几乎场场必过。最后,她选择留在北京的郊区,做一名基层公务员。公务员虽然工资一般,但是,一来能解决北京户口,二来工作确实很稳定。父母得知消息后,激动得泪如雨下,家里几辈人都是农民,没想到从她这一代开始转运了,能到北京落户,还能进政府部门。

她听了父母的话,很是珍惜这份来之不易的工作,每天踏踏实实,勤勤恳恳。

挨骂了,忍着;无聊了,忍着;有同事欺负她,忍着;男友劈腿,忍着……

有一次,她因为一个小错误被领导骂了一顿,想愤而辞职,没想到跟父母诉苦时,却又被父母骂了个狗血淋头。后来,同学给她介绍了一份好工作,年薪是现在的几倍,但她的父母却嫌那份工作不够稳定,骂她太贪心。

下班回家后她每天的生活就是买菜、做饭、睡觉、看电视、玩手机。

有一次我问她:"你不是喜欢写作吗?为什么不在业余时间多写点儿文章?"她一脸淡然的样子:"写什么写?我妈说了,所有人的生活都差不多。我现在也挺好啊,等过几年,提个副科,再过几年,就能提科长。然后结婚,生孩子,养孩子,女人不都是这样吗?慢慢熬呗。"

我很无奈,从她现在的状态一眼就看到了她的未来。她本来可以拥有绚烂丰富的一生,却被所谓的"稳定"给毁了。

02

坤是个与众不同的人。

我在某报社做副刊编辑时,她曾是我的作者。她很勤奋,隔三岔五就会发篇稿子给我,请我提建议。那时候,出于培养原创作者的考虑,我便经常就她的稿件提出一些意见和建议,并勉励她一定要多看多写。她的文字很有灵性,很快她便成为副刊作者群里的活跃分子,常常有作品见报。

其实,她的父母都是当地的副处级退休干部,膝下就她一个女儿,她的工作也很清闲,完全不必如此努力。安逸懒散,得过且过,这是小城市里一部分年轻人的生活状态,但她偏不。

在与她交往的过程中,我渐渐发现,她除了写作之外,还对其他领域多有涉猎。由于喜欢英语,长期听英语广播,她的口语非常流利,被某外语辅导学校聘为老师。每到周末,她就站上三尺讲台,给孩子们上英语课。

有一次,我在夜市上遇到了她,才发现她还开了一家服装店,而且梦想着以后能经营自己的服装品牌。

如果你以为这就是她的全部,那你就错了。除此之外,她还学钢琴、弹吉他、学绘画、练字、做主持人,甚至还走上话剧舞台,过了一把戏瘾,当上了莎士比亚戏剧社的社长。

这些事情，全部是她在业余时间完成的。

你完全想象不到，一个人竟能如此高效地利用自己的业余时间，一棵生命之树竟会开出五颜六色的花朵。

当我问她为什么会有这么多精力时，她说自己最喜欢的舞者曾说过："有些人的生命是为了传宗接代，有些是享受，有些是体验，有些是旁观。我是生命的旁观者，我来世上，就是看一棵树怎么生长，河水怎么流，白云怎么飘，甘露怎么凝结。"

她说："我也是这么想的，人生短暂，我们就该活得丰富多彩。"

03

你可能会说，林是为生活所迫，所以才会追求稳定，如果我是坤，我也愿意那么折腾，毕竟有退路。

其实不是这样，这跟家庭条件无关。坤有个好朋友叫董哲，他们两家是世交，关系一直很好。董哲的父母是做生意的，家境也很好。董哲从小就不好好学习，在学校经常跟同学打架，跟老师吵架。父母三天两头被叫到学校去，他们为此头疼不已。

听了亲戚的建议，父母送他到国外去读书，希望他能好好学习。

但是，在国外的几年时间里，他只学会了花天酒地。毕业回国后，他依旧延续了在国外的生活，白天以谈事情为由在外面吃喝玩乐，晚上很晚才回家。父母帮他找好了工作，他也不去上班，无奈之下，父母只好让他进了自家公司，想着反正家里也不缺钱，就任他折腾吧。

董哲今年二十八岁了，就在父母的企业里混日子，反正口袋里有的是钱，根本无须努力。

他不过是躺在父母给他铺就的温床上消耗、浪费大好的青春年华。既然不曾为梦想奋斗过，何谈丰富的人生呢？

04

我见过很多人，从他们的现在就可以看完他们的一生。

他们就像是蚁群，没有独立的思想，没有前进的动力，读书时浑浑噩噩，工作后懒散懈怠，最后成为社会大机器上的一颗螺丝钉，被安在了固定的位置，不再对生活有一些非分之想。他们的生活就像一潭死水，不能泛起一丝波澜。

但当你垂垂老去，到了迟暮之年，你如何跟别人说起自己的一生呢？你有着碌碌无为的一生，还是努力奋斗的一生？你是勤奋的蜜蜂，还是团团乱转的蚂蚁？

总有一天，我们会被推到人生的审判席上，接受命运的拷问：这一生，你是如何走过来的？

亲爱的，这是我们仅有一次的生命，为何不让它轰轰烈烈一点儿呢？我们无法把握生命的长度，但我们可以改变它的宽度和深度。

生命很短，让自己活得丰富多彩，是你义不容辞的责任。

第五章

总有一天，
所有人都会
为你鼓掌

每一份付出都会被岁月温柔相待

01

在论坛上看了一些帖子,这些帖子大多都在说一些年轻人对现状的不满以及对未来的焦虑。我大体看了一下,其实这些年轻人的工作都还不错,收入待遇也还可以,发展前景很好,前途还都算光明,大可不必像现在这样唉声叹气、怨天尤人。

对于刚参加工作没几年的年轻人来说,不满足于现状,知道为将来担忧,说明他们有很强的上进心。不过大多数时候,抱怨不是什么好事情,并不能解决你现在遇到的问题。不论面对什么样的现实,你都得学会自己调节,一味地抱怨、害怕、退缩、焦躁、上火,不仅会让你不知所措,还会对你的健康产生影响。

作为一名员工,你要做的是调整好自己的心态,用心做好自己的本职工作。如果你认为自己所从事的行业前途不明或者有别的想法，你可以利用业余时间学习一些新的东西，做你想做但一直没有去做的事情。你工作出色，又懂很多其他领域的知识，就不用担心有一天会被这个社会淘汰。只有你自己出色了，才会有出色的工作，才能无论遇到什么情况都心态坦然。

现在的你之所以焦虑，是因为你只想稳稳当当地做着一份工作，安安稳稳地一辈子不愁吃穿，没有任何风险，你没有为当下的工作付出全部的努力，也没有利用空闲的时间学习别的知识，涉猎别的领域，从其他行业中汲取养分。所以一旦有风吹草动，你就会觉得对现状造成了不可逆的影响，这时候不免就慌张起来，而你又没有能力为自己争取，那就只能逗逗口舌之快了。手有余粮，心才能不慌，如果肚子里有货，在任何一个行业里你都可以如鱼得水。

你不愿提升自己，使自己变得更强大，当然就会胆怯。没有任何一个企业会招聘一个故步自封而又怨天尤人的员工。

一个人只有拥有强大的能力和平和的心态，才能让自己不再那么焦虑，所以与其把自己压得喘不过气，还不如静下心来多学一些东西。那些你现在努力去做的事情，也许会在未来的某个时刻带你走向一个全新的、更加适合你自己的领域。

02

前段时间,我看了真人图书馆文化推广人、作家秦琴对土豆先生马德林的访谈,内心百感交集。

马德林这样一个普通人,年轻的时候从甘肃的一个小地方来到北京,当起了北漂。刚到北京,他全身上下仅有三百块钱,可他依旧选择坚持下去。为了心中的梦想,土豆先生先后做过锅炉工、洗碗工、群众演员、替身、统筹、副导演、作家、职业经纪人等很多种工作。他说,工作的形式有千万种,但只要不偷、不抢、不坑蒙拐骗、不投机取巧,那么脚下的每一步都在靠近内心最美好的自己。最终,他实现了自己的理想,成为一名影视剧编剧。

我也有过在大城市漂泊的经历,也有过吃了上顿没下顿的日子,所以非常能体会这其中的辛酸冷暖,也知道继续坚持下去需要付出怎样的努力。

土豆先生在餐厅打工的时候,有一天看见报纸上招聘群众演员,觉得这是一个机会,于是辞掉了工作,破釜沉舟地报了名,结果他幸运地被录用了,在《吕后传奇》里饰演一个小兵。虽然只是一个非常小的角色,可土豆先生异常高兴。很多年以后,土豆先生已经是一个小有名气的编剧了,有一次和人聊天,此人正是当年《吕后传奇》的制片人,得知土豆先生在里面做过群众演员,就跟他说:"要是当年你认识了我,就不会走这么多弯路了。"土豆先生这样回答他:"那不一样。有些路是必须要一个人去走的,如果我没有走过弯路,就永远都不知道弯路的意义,也就不会珍惜现在的一切。"

也许很多人会说,那不过是他运气好罢了。我不否认有运气的成分,但如果你不能坚持到让运气发现你,它又凭什么帮助你?即便做洗碗工,每天晚上十二点下班之后,他也要给自己两个小时的练笔时间;即使当群众演员,他也会在闲暇之余看几页书,写一点儿东西。你能做得到吗?如果能,那么不用担心,因为成功肯定正在来的路上,你只需保持这种状态,等待即可。

现在的大多数年轻人,物质生活比土豆先生好很多倍,教育程度也都比他强很多,可是依旧过不好自己的一生,这是为什么呢?我们要么抱怨工作太辛苦,要么抱怨"路漫漫其修远兮",看不到未来的模样,要么就在抱怨自己没有遇到贵人,没有人赏识自己。如果你依旧在抱怨生活,那么其实你现在所承受的便是必然的结果。

如果现在你正处于动荡中,你应该感谢上苍为你安排这样的历练,亲身经历一些煎熬和苦难,你才能懂得珍惜现在,珍惜所得到的一切。这样的历练并不是每个人都能遇到的,如果你遇到了，那肯定是上天对你的厚爱，那背后定是承载了满满的收获，丰盈了你的生活。上天为每个人安排了不一样的生活，才使得我们与众不同，才能让我们在这岁月的长河里绚烂开放。

03

不要害怕困难，也不要对未来迷茫。当你觉得压抑、沮丧，对现在和未来不确定的时候，正好可以好好充电，好好沉淀。通过一段时间的观察、体验、思考与发酵，你会提升到更高的层次。我们的每一个人生阶段都会有无穷的意义，有时候走得慢一点儿，正是为了积蓄飞翔的能量。

无论你起点多么低，出身多么普通，现在多么卑微，只要愿意付出，就总会有收获。你付出的越多，将来的你就越出色。不论日子有多难熬，都要告诉自己一切都会好的，你要相信好运气现在正在路上。在顺境的时候，沉下心来，不急不躁，在逆境的时候，多投资自己，以积极的心态扛过生命的灰暗期。学会在困难的日子里笑出来，这笑总会是甜的，温暖自己，也会温暖别人。

你真正活着，你身边的一切就都活着。

你最终不是为了成为谁，而是为了成为你自己。

小欲望，小满足，才是大幸福

01

朋友A君，上学时出了名的努力，那些熬夜看书、吃饭背公式、上厕所还要背单词的事儿，对他来说都是家常便饭。毕业之后，他进入了深圳的一家小公司。经过了十年的打拼，A君工作上步步高升，学业也更上一层楼，据说已经拿到MBA学位了，现如今是深圳某跨国集团高管。

当别的同学大都在吃力地供着房贷、车贷，被现实压力压得几乎喘不过气时，A君早已摆脱了这两座大山，着实让人羡慕不已。

前段时间，同学聚会时，事业有成、功成名就的A君自然成了同学们关注的焦点。孰料酒过三巡，A君忽然放下酒杯，眼神迷离，酝酿半天之后一把扯掉自己的假发，怆然流涕道：

"别人羡慕我事业有成,我却羡慕别人逍遥自在。以前我一直觉得,没有好的家境可以拼,就只能拼命,可是现在当我每晚依靠安眠药还只能睡三个小时的时候,我发现我错了。我才三十岁,你们看我的头发都掉光了……"

听他这么说,我们都很惊讶,目瞪口呆。

那次聚会之后,A君主动去看了心理医生,工作不再像以前那么拼命,生活上开始注重养生,注重劳逸结合,把吃饭、睡觉、锻炼放在非常重要的位置,每天都督促自己严格执行。

现在A君最喜欢以过来人的身份教导那些刚参加工作的人:"年轻人,你要知道,没有好的家境可以拼并不可怕,没有命去拼才是人生最大的败笔。"完全一副痛改前非的样子。

02

之前,我收到一个"90后"小女孩的来信。女孩说她觉得自己好绝望,家庭不富裕,长相也很普通。她一再强调她的人生没有希望,每天活着很累,简直要崩溃了。

她说,为了减轻家里的负担,她从大一时候就开始做各种兼职努力赚钱。而为了不耽误学业,她又必须好好学习。本来休息的时间就少,现在更少了。长期的忧虑疲惫让刚上大三的她经常彻夜难眠,为了不耽误第二天的工作和学习,她只能靠药物强迫自己休息几个小时。这种折磨让她处于崩溃和绝望的边缘,不知道自己将何去何从。

在信中,她一再恳求我帮帮她。我和她说我真的帮不了她。如果她自己不去想办法解决,将没有任何一个人能帮到她。事实上,如果她没有办法放下执念,学会更加合理地安排生活,那么她现在的困境是没有办法解决的。

03

之前,我加了一个年轻妈妈QQ群,有时候我们会一起在群里分享一些教育孩子的心得,同时也会讲述其中的艰辛。

一个网友的孩子刚上一年级,学校就开设了英语课程。为了让孩子好好学习,她和老公专门聘请了外教,费用非常高。夫妻俩觉得压力非常大,只能没日没夜地工作,经常一个星期也说不上几句话,更别说家庭聚会了。

还有两个网友的孩子面临小升初考试,每逢周末她们就跟着孩子一起参加各种培训班,奥数、钢琴、德语、法语、声乐、绘画、围棋、跆拳道,统统学了个遍。要是她们想去考级,我估计轻而易举就能拿到证。

看着她们每天这么忙,我就问:"你们为什么要学那么多呢?"

她们的回答很一致:"孩子如果不学的话,有可能连市区一般的中学都进不去,更别说进重点学校了。就这样,也早已落后同龄人很大一截了。孩子小,自觉性不够,父母再不上心,孩子以后怎么发展啊?"

我竟无言以对。

现在这个社会就是这样,无形之中给人太多的压力。

茫茫大海中孤立无援,你怕如果不努力,就会被无情地淘汰。你总以为拼了命努力,才算对得起自己。

其实,你只是太焦虑了,导致不敢停下来好好考虑一下。你以为吃饭的时候背单词,就能说明你比常人努力,你以为晚上赖着不睡觉就是没有辜负人生,这其实只是在寻求一种心理安慰,用一种极不健康的行为来对抗这个世界,而到头来你终究会败给你自己。

你省去了吃饭、睡觉的时间去拼搏,总觉得自己吃的苦已经够多,你以为你很努力了,其实做的大多数都是无用功。白天和黑夜的存在就是为了告诉我们休息和工作同样重要。该努力的时候好好努力,该休息的时候好好休息,你照样可以取得不错的成绩。那样成功或许来得稍微迟一些,可那有什么关系呢?你不仅享受了奋斗的过程,最终还得到了结果,还有什么能比这更让人欢喜的呢?

04

有时候,我常常会想,我们跑那么快究竟是为了什么?

十岁的时候,想过成年人的生活;二十岁的时候,要过人家用了一辈子甚至是几辈人努力积攒来的日子。如果得不到,我们心里就开始不平衡,以为以牺牲自己休息的方式拼搏就能超越别人。这是我们的误区,也是我们不幸福的根源。

别说你很有可能超不过,即使你超越了又能怎样呢?你的身体毁了,家人的希望没了,你奋斗得来的所有东西不过一场幻境,这一切真的值得吗?放下心中一些虚妄的执念,接受自己普通人的身份,按照普通人的步伐,一步一步慢慢往前走,累了就歇一歇,饿了就好好吃顿饭。

这个世界上最奢侈的事不是有一个有钱的家庭,也不是不顾一切去追求梦想,而是有一颗能在平凡日子里好好吃饭、好好睡觉、好好学习、好好工作的心。这样才能让我们于浮华中不浮华,永远知道自己想要什么。不疾不徐,不骄不躁,不问前程如何,我自稳步向前,哪怕是蜗牛的速度,再慢也有进步的喜悦。

闭上眼睛去奋斗

01

我正上大学的小妹最近培养出一个新爱好——玩命背单词,吃饭的时候,做实验的时候,洗漱的时候,甚至是跟人聊天的时候,都不忘背上几个单词,活脱脱一副"学霸"的模样。

我忍不住问她:"你这么用功,是准备出国念书?"

她回给我一个大大的笑脸:"哪有啦,我报名考商务英语,七百元报名费呢,所以才临阵抱佛脚应付考试啊。"

我暗暗奇怪:"你什么时候对英语这么感兴趣了?"

要知道,她考完英语六级时咬牙切齿又如释重负的撕书声犹在我耳边回荡着。

她神秘兮兮地凑过来说:"其实吧,我并不喜欢英语,今后也不打算从事跟英语有关的工作。只不过周围好多同学都考了,万一今后用上了呢，反正也是闲着，所以先考考呗。"

仔细算来，这是她上大学以来考的第四份证书，此前考过计算机二级证书、普通话资格证书、教师资格证书。她每个学期都会因为准备这样那样的考试而苦读，忙得焦头烂额。

而她一心喜欢的轮滑社和漫画社，不管是开例会还是组织活动，她都没时间参加。平时提起来的时候，她总是说"等我考完这个，我一定要一期活动都不落地参与进去"，这句话唠叨了四年都未曾成真。

"别人都考了"和"万一今后用得到"，像是盘旋在她头上的魔咒，将心中的迷茫与"不确定"无限放大，而她又试图用排得满满的日程表掩盖，用一张又一张毫不相干东拉西扯的证书，来证明"自己也不清楚"的强大与优秀。

因为不确定自己到底想要什么，所以更加茫然地张皇四顾，看到别人的每一点闪光都想要复制过来。你报了英语班，我也要；你考了会计证，我也要；你参加了文学社，我也要——即便我自己对语言、金融、文学不感兴趣。

02

韩剧《匹诺曹》里有这样一个情节：一直是竞争对手的两家电视台YGN和MSC同时报道了一则新闻，而一向领先的

YNG却因为一个小失误而错过了当日新闻最重要的细节与真相,导致当天的收视率一落千丈。

新闻组的所有人都紧张地关注着竞争对手的动态,以及收视率曲线的每一点起伏,另外一间会议室里还在开着"如何追赶上去"的战略性会议。而台长走进办公室的第一件事,却是关掉了大屏幕上的动态和竞争对手正在播出的电视节目。

一众人茫然地看向他,台长叹了口气说:"事情已成定局,大家都已经知道了不是。所以,现在要闭着眼睛去奋斗了。"

看到众人疑惑不解的样子,台长继续说:"我们做新闻,方式什么的都不重要,重要的是报道的真实性,而这又与对手有什么关系呢?还是闭上眼睛,不要被别人所影响,做好自己想做的、应该去做的事情就好。"

或许在每一个人的成长中,都会经历"我不清楚自己想要什么"的茫然,所以总想把一切能尝试的都尝试一遍。可是,我们忽略了一点,正是因为不确定,才需要更多的时间去思考,镇定地做出判断和取舍,而不是人云亦云、浅尝辄止和左右摇摆。

03

年少时我们总喜欢模仿别人,恨不得一摇身就能变成别人的样子。即便很多时候明知这样的选择并不适合自己，却因为草长在别人的岸上看起来更绿一些，所以还是想一把揽过来。

而成长中必经的一个悖论，便是极力想要证明自己的独一无二，却又迫不及待地想要借助复制别人的成功来彰显自己。

那些人很好，他们很成功，他们很幸福。可是跟你又有什么关系呢？

你无论多努力都不可能成为别人，更不可能沿着别人的道路去体会自己的人生。

你只会在左右摇摆的寻觅中浪费掉自己的时间，牺牲掉自己所有的爱好和特长，跌跌撞撞地奔向一个不属于你的终点。

所以，在做出选择前，请你先睁大眼睛去看看这个世界吧，去观察形势，去发现差距，去了解每一种可能。然后闭上眼，笃定地用自己的心去判断，去平衡，去思考。最后认真做好每一件让你喜悦的事，用独一无二的方式成为自己最想成为的人。

岁月静好离不开砥砺前行

01

好友芦溪跟我讲过她的故事。她出身贫寒,家中有三个孩子,她排行老二。上面有姐姐,下面有弟弟,她是"夹心饼干"里最不受欢迎的那个中间层。父亲经常说,本来以为第二个孩子能是个儿子,没想到还是个丫头,要不然,何至于要养三个孩子。芦溪长得又黑又小,不像姐姐和弟弟那样遗传了父亲清秀的相貌,所以自小被父亲嫌弃,被姐姐呼来喝去,又被弟弟欺负。就连亲戚邻居都莫名地嫌弃她,从来不给她笑脸。

她经常安静地躲在角落里,羡慕地看着姐姐和弟弟,觉得自己是个多余的人。

唯有母亲更偏爱她一点儿,别人派给她的活儿,母亲都会偷偷地接过去,帮她做好。

她小时候很喜欢看书、写日记。虽然书经常会被姐姐拿走，日记会被弟弟抢去偷看，但母亲一直鼓励她，攒钱给她买书，给她空出写日记的时间。

上学后，她终于找到了自己的价值所在，因为她的成绩永远是全班第一名，姐姐和弟弟怎么追也追不上。

也是因为成绩好，父亲对她的态度有了变化，因为每次去开家长会，都有一大帮家长围着他，向他讨教教育孩子的秘诀，他觉得脸上有光。他每次都慷慨激昂地向家长们介绍经验，介绍自己是如何督促她学习，又如何指导她写作业的。每当看到父亲口若悬河的样子，芦溪就备受鼓舞，自此以后也更加努力。因为她发现，只要自己变得优秀了，就可以赢得父亲的喜欢。

后来，姐弟三人中，只有她考上了大学。姐姐因为早恋被迫辍学，弟弟则因为不爱学习早早就辍学打工去了。

本来毫不起眼的一个家庭，因为出了个大学生而闻名乡里。她在家中的地位从此大变，就连一向对她冷眼相待的亲戚，也一个个全变了脸色，一副"与有荣焉"的样子，见了她就不停地恭维："我就说嘛，一看就是能成大事的人。"

回想起过去，芦溪低头直笑："有时候，家人也会显出势利的一面。只有自己强大，才是硬道理，否则，我永远只是个'小豆芽'，连自己的家人都嫌弃。"

02

阿勇在接手家族企业之前,不仅天天花天酒地,而且特爱吹牛显摆。

阿勇家里颇有些资产,父母经营着一家小企业,他也很有纨绔子弟的作风,总爱拿父母的钱到处请人吃喝玩乐,在朋友中以仗义著称。当然,也有很多人看不惯他。

后来,家道中落,阿勇父母的企业开始走下坡路,阿勇却浑然不知,依旧我行我素。每次喝完酒,他就跟别人炫耀自己认识一些"大人物"。

有一次,他又在饭局上跟一众朋友吹嘘自己认识某某,刚好,那个人就坐在旁边一桌。朋友们就怂恿他:"如果你真认识某某,何不给大家引荐一下。"

阿勇趁着酒劲儿,果真端着酒杯走了过去,但他还没走到那个人身边,就被一个助理模样的人拦下了。无论他怎么解释,助理都不肯让他过去。

后来,阿勇的吵闹声引起了那个人的注意。没想到,阿勇父母正好欠那个人钱,他就对阿勇好一顿冷嘲热讽。

阿勇这才知道,父母的厂子早就是个空架子了,不由得羞愧难当。

后来,熟悉阿勇的人都听说了这件事,就逐渐疏远了他。

他痛定思痛，发誓要替家里人争口气。

他接手了父母的企业，开始从生产一线做起。凭借着能吃苦、敢闯荡、好交际的个性，他什么都干，跑订单、抓生产、促管理，三年的卧薪尝胆，竟然让家族企业起死回生。

他再也不是当年的阿勇了。那些曾经耻笑过他的人闻风而动，纷纷前来拜访他，这其中也包括那些当年羞辱过他的人。

回忆起过去，他说："虽然很多人曾在我落难的时候落井下石，但我不怨恨他们。人生就是这样，当你什么也不是的时候，谁也不认识你。经常把一些所谓的'大人物'挂在嘴边，无非是虚荣心理作祟。只有当你真正强大起来，你才会被大家所接受。在你变得强大之前，还是少说话吧。你认识那些'大人物'又有什么用？"自己不强大，认识谁也没用！只有真正付出努力，你才能脱胎换骨。

03

每个名人都有一部属于自己的奋斗史，每一篇每一章都向世人昭示着一个道理：要想获得别人的认可，自己必须强大起来。

当你变得强大起来，全世界都会为你让路。人生旅途中，大家都在忙着认识各种人，以为这样能让生命变得更丰富多彩，但最有价值的遇见，是在某一瞬间重新遇见了自己。那一刻，你才会懂得，所有的探索不过是为了找到一条回归内心的路。

　　不要抱怨工作不好，不要抱怨别人看不起你，除了你自己，谁都帮不了你，只有你才能拯救自己。只有你强大起来，才能堵住众人的悠悠之口，只要你强大起来，就会成为自己的品牌。

以自己喜欢的方式过一生

01

看过一部关于"厨神"诞生的电影。电影中,在一家小餐馆里,穿着脏兮兮厨师服的父亲问儿子:"为什么不想上学?"儿子低着头,梗着脖子:"我成绩太差,根本就考不上大学,我就是喜欢做饭。"父亲一下把刀插在案板上,怒气冲冲地走开,剩下儿子孤零零地看着那把插在案板上的菜刀。原来,儿子自小受父亲熏陶,喜欢上了厨艺,但受过学艺之苦的父亲不想让他走同样的路。父亲不同意,儿子只得去考大学。他对学习不感兴趣,自然就不用心,结果显而易见,没考上。但在厨艺上,他却孜孜以求,无师自通,很快就超过了父亲。

父亲还是不同意他做厨师,逼着他去复读。无奈,他偷偷跑去参加厨艺比赛,一举夺得金奖。面对镜头,他告诉父亲:

"每个人都有自己的使命,而兴趣就是最好的老师。我不是学习的料,但做好饭,就是我的使命。"

身为评委的父亲终于被打动,同意了儿子做厨师。有时候,我们的梦想跟别人的不一样,没有那么高大,没有那么高雅,但那又怎样,那才是我们真心喜欢的。世事艰难,但总有一条路会让你的梦想开花结果,总有一种生活能让你找到最美的自己。

02

前同事最近有了新苦恼:进入了一家心仪的公司,虽然事事都做得周全到位,而且也非常努力想融入新环境,结交新同事,但总有那么几个人老跟自己作对,不是挑自己的毛病,就是背后给自己使绊儿,让他百思不得其解。

本来自信满满的小伙儿心情糟透了,如同北方冬日重度雾霾的天空。我问:"公司总共有多少个同事?"

他说:"一个部门有二十多个人。"我再问:"有几个不喜欢你呢?"他说:"两个吧。"

我大笑:"那么大的分母,这么小的分子,这个比例就让你这么不开心,太不值了吧?"

他自己也被逗乐了,有些羞赧:"也是啊!"宇宙浩渺,我们怎么能取悦所有人呢？又怎么可能让所有人都喜欢我们呢？这世间，我们真正需要取悦的只有自己。只有意识到自己的重要性，你才会想着取悦自己，然后与自己达成和解，于自己而言，不挣扎是取悦，不拧巴是取悦，倾听自己内心的声音是取悦，踏上一段自己向往的旅程是取悦，阅读一本喜欢的书是取悦，找到自己的兴趣爱好也是取悦。唯有这样，你才会真正爱上自己。

很多时候，不畏人言，过自己喜欢的生活是需要勇气的。

03

朋友之间，兄弟之间，夫妻之间，同事之间，邻里之间，所有这些关系的本质，说到底都是互相取悦。你敬别人一尺，虽然不必希求别人还一丈，但如果你敬别人一丈，大概就得权衡一下他是否愿意投桃报李还你一尺。如果他连这一尺都懒得回报，那么你就不要再白费力气了，因为他不是你能取悦得了的人。

跟你气场不合、性格不合的人，即使你用尽一生，恐怕也不能讨得他半分的欢心。我们身旁有很多这样的例子：你爱他胜过爱自己，但他却对别的姑娘兴趣盎然；你愿意把心掏给他，他却把你的爱当众撕碎给你看；你愿意为他付出所有，他却把

这些当作理所应当……

　　生活千姿百态，人性也复杂多变，有欣赏你的，就会有污蔑你的；有力挺你的，就会有反对你的；有对你情深义重的，就会有当面一套背后一套的。这些都是生活的常态。

　　但，又能怎样呢？难道淘宝店主收到几条差评就从此不做生意了？难道因为大家都喜欢春天和秋天，冬天和夏天就该被抹去吗？

　　事实上，只要有一个肝胆相照的朋友，就证明你是可交之人，只要有一个知冷知热的伴侣，就证明你是个值得爱的人，只要你活得快乐自得，就证明你是个有趣的人。如果他不喜欢你，甚至讨厌到咬牙切齿，那也没关系，因为那是他的事情，何必用他的错来惩罚你自己呢？

　　其实，话说回来，不喜欢也分很多种，有的不喜欢是因为受到威胁，有的不喜欢源于嫉妒，有的不喜欢是因为看不起，有的不喜欢则因看不惯。但无论是哪种，你都要记住，他越是不喜欢你，你就越要活成灿烂蓬勃的样子。只有你强大起来，活出真正的自己，这些"不喜欢"才会烟消云散，化为乌有。

　　你说还是会有人不喜欢你？亲爱的，你不吃他家的饭，不住他家的房，不睡他家的床，不花他挣的钱，随他去好了，与你何干？

04

　　成功与否,从来都不是以金钱和地位来衡量的,而是看你是否以自己喜欢的方式过了一生。

　　有些人,虽然物质上很贫乏,但是一辈子从事着自己喜爱的行业。

　　有些人,虽然有权有势,但却总是身不由己,郁郁寡欢。很多人一出生,命运之神就非常慷慨,给了他显赫的家世,丰厚的家产,给了她美丽的容颜,苗条的身材。但显赫的家世里,有很多不足为外人道的无奈,丰厚的家产里埋藏着太多钩心斗角,而容貌会变老,身材也会走形,这些漂亮的肥皂泡往往非常脆弱。光鲜的背后,是我们无法理解的压力。出生在普通人家,也许无法要风得风、要雨得雨,但命运赐予我们的是内心里一颗爱的种子。你只有用辛勤的汗水去灌溉这颗种子,才能让它开花结果,用最喜欢的方式一路欢歌地生活下去。

优秀的人，从来不会输给情绪

01

小建再次愤而离职了。小建是我朋友的表弟，我还曾帮他介绍过工作，后来，他跟经理顶嘴，负气走人了，连欠他的工资都没要，还叫嚣："小爷不缺他们那点儿钱。"

小建大学毕业三年了，这期间，他换了好几份工作，每次离职都是因为脾气太大，跟人有了矛盾，一点儿都不能忍。他的名言是："哥是个有脾气的人。"

小建家境一般，父母都是普通工人，但在父母两边的大家族里，就他一个男孩。

所以，他从小就很受爷爷奶奶和姥姥姥爷的宠爱，也因此被惯坏了。想要什么，家里就得买什么，想干什么，就一定要去干什么，调皮捣蛋，惹是生非，父母没少因为他到处求情告饶。平时稍有不顺心，他便暴跳如雷，撒泼打滚，家人也都惯着他："男孩子就得有点儿脾气，太软弱会被人欺负。"晃晃荡荡，他就高中毕业了，由于高考分数太低，只好上了个三本，至少有个大学文凭。

大学毕业后，小建向众人夸口一定会干出一番事业。

他的第一份工作是自己找的，在某公司做销售。销售的工作非常辛苦，不仅风里来雨里去，还要看客户脸色，但是提成高，能迅速赚到第一桶金，这一点非常吸引刚毕业的小建。

刚满三个月，小建就撂挑子不干了，理由是某个客户总是提无理要求刁难他。在他离职后，父母才听说他是因为受不了总是要低三下四地求客户才辞职的。从此，小建再也没找过市场销售的工作。

第二份工作是父母托人帮忙找的，在一家企业做内勤。有一次，因为弄错了一个小数点，小建被经理当众责骂，还扣了当月的绩效。脾气暴躁的他当众和经理翻脸，一怒之下再次辞职。

第三份工作是他的表姐委托我找的，在一家公司做库管。但刚满半年，由于跟经理顶嘴，他摔门而去，死活不再去上班了。他并不知道他的表姐为他道了多少歉。

眼下刚离职的是第四份工作，是亲戚帮着介绍的，在一家企业做企业文化专员。小建美滋滋地去了。但是在组织培训时，主管让他去订快餐，他生气了，对着主管大吼："我来这里不是为了给你订快餐的！"说完，又甩袖子走了人。此后，他脾气大的名声传了出来，再也没有人帮他介绍工作，而他，也赖在家里，成为父母的一块心病。脾气比本事大，注定了小建的职业生涯会比别人多一些坎坷磨难。

02

我前同事沐沐是个很有能力的人，最后也是折在了脾气不好上。

沐沐本是公司的销售新秀，在近一年里，她的销售业绩每月都有很大提升，别说部门经理对她百依百顺，就连主管销售的副总也得哄着她干活儿。在年终考核中，她又是冠军，刚好赶上部门副经理一职空缺，人事部经理就找她谈话。看样子，她很可能会被提升为部门副经理。

一次，有老同事好心帮着整理东西时，弄乱了她的办公桌。她发现自己整理好的报表被翻动过之后，瞬间大发雷霆，让大家震惊不已。

那个同事忙不迭地跟她道歉，却被她一顿挖苦讽刺，大意是说：没什么能耐，就指着端茶倒水巴结人，见人眉眼高低办事，十足一个"马屁精"。

老同事委屈得直掉眼泪，同事们纷纷走过来劝慰老同事，对她表示不满。没想到，老总那天刚好经过，亲眼看见了沐沐说话时刁钻刻薄、趾高气扬的样子，紧皱着眉头离开了。

第二天，销售部晋升员工的名单下来了，却没有沐沐的名字。

沐沐气呼呼地来到人事部，想找人事部的经理问个究竟。人事部经理告诉她，她的工作年限不够。

沐沐不服气，又去找部门经理，部门经理避而不见。后来，她索性直接去找总经理。她当然很有底气："怕什么，反正我的业绩很好。"老总闭门不见，只让秘书带来了一句话："或许你是个好的销售员，但绝对不是个合格的管理者。等你慢慢学会了控制自己的脾气，才配得上领导的岗位。"

如果你的脾气配不上你的本事，请在培养本事的同时，慢慢学会控制你的脾气。否则，你的脾气将是你事业发展过程中潜藏的一枚炸弹，随时都可能爆炸。

03

我大学刚毕业时，英姐曾给我上过生动的一课。我初进公司，是个新人，而公司同事都是一副盛气凌人的样子，因此我也不敢多说话，每次都是一个人去餐厅吃饭。

　　我每次去餐厅，都是人最少的时候。有一次，我看见一个人因为饭菜打少了而跟后厨吵了起来，害得打饭的小妹直抹眼泪。争执的过程中，一个大姐出来劝解，没想到也被发火的那位一通奚落，但她不气不恼，统统领受。劝走发火的那位后，她又去安抚里面的小妹，直到那个小妹破涕为笑。

　　大姐笑容朴实，打了饭菜跟我坐在了一起。

　　见我面生，就跟我聊了起来。由于不在一个部门，我并不知她的身份。她耐心地给我介绍公司的各种制度，以及各种工作流程。

　　我把她当成知心姐姐，以为她也是个年纪稍大的新人，跟她讲了很多职场的困惑，她笑着给我一一释疑，并鼓励我要好好学业务，好好学做人，千万不要让脾气大过本事。

　　等她走后，我才从后厨小妹的嘴里得知，原来她是公司设计部总监，也是全公司最有本事、最没脾气的人。

　　她是科班出身，美术功底极好，在公司供职十几年，做到了设计部总监的位置，每年的设计大奖几乎都是她指导设计的，但是为人却特别谦和。

　　本事越大的人，越没有脾气。

04

年少时，我们往往意气风发，心比天高，发誓要闯出一番事业。但事实上，并非仅靠豪情壮志就能轻易成功。生活中有很多挫折、磨难、阻力、非议，这些都需要我们拿出智慧和耐心与之周旋，一一应对。但年轻人往往沉不住气，控制不住脾气，不想被管束，不想吃苦，害怕被看轻，害怕被斥责，殊不知，谁不是在这些零零碎碎的打击和磨炼下一步步走向成熟的呢？

天外有天，人外有人，先不论本事大小，请记住，学会控制自己的脾气是一种美德。

如果你还年轻，永远别让你的脾气比本事大。那些脾气大过本事的，最后都活成了笑话。有本事的人，往往最没有脾气。有人误以为脾气就是个性，于是自以为是地逞强好胜，实际上，脾气是这个世界上最没用的东西，千万不要拿它当宝贝。与它为伍，你只能丢盔卸甲，惨败而归。

大智者必谦和，大善者必宽容，唯有爱耍小聪明的人才张牙舞爪，咄咄逼人。管好你的脾气，才能好好发挥你的本事，才能好好经营自己的一生。

十年后，你会成为什么样的人

01

十年前，我大学毕业不久，工作不顺利，生活压力大，天天各种负能量爆棚。一个人的时候，我就问自己："十年后，你想成为什么样的人？"

那时候，我一无所有，但内心的答案却异常笃定。我对自己说："你这辈子要么写东西，要么做点儿生意吧，反正一定要过得精彩。"

十年后的今天，我有了满意的工作，还能经常写点儿文字。当年觉得不可能，如今却心想事成。

在这辛苦的十年中，我悟出了一个道理，那就是一个人就算一无所有，只要他知道自己想要什么，并且心思笃定地一步步奋斗，生活这双无形的大手总会把最意外的惊喜慢慢推到他的面前。付出总有回报,命运不会辜负任何一个好好生活的人。

如果你不知道自己究竟想要什么,又急切地想要一个结果,那么即使你拥有再多,可能也终究会把生活折腾成一地鸡毛。所以不论我们处在怎样的年纪,处于怎样的情况,都应该静下来问问自己究竟想成为什么样的人。

只有找到自己的目标并为之不懈努力,我们才不至于莽莽撞撞,才能有的放矢。

02

对于刚刚走上社会的年轻人来说,二十岁到三十岁的年龄是人生最重要的黄金十年,这十年一定要好好积累,为以后的人生做好铺垫。

著名怪才作家马尔科姆·格拉德威尔曾在《异类:成功人士的故事》一书中说:"无论是最优秀的运动员、企业家、音乐家还是科学家,经调查你都会发现这样一个结论——他们都是在付出了至少长达十年,每天不低于三小时的努力之后才崭露头角的。"这本书里有一个非常著名的理论,即10000小时定律,大概的意思是说一个人想在任何领域取得成功,都必须至少经过10000小时的磨炼。

更何况每个人的天赋不同,资质有别,别人五年能做成的事情对你我来说或许需要十年乃至更长的时间。但是只要不放弃，我们就有希望。遇到困难不要急躁，对于暂时的失败不要气馁，要明白人生的路很长，你还有很多的机会去尝试，失败不过是人生的一个小插曲。

俄罗斯著名小提琴家马克西姆·文格洛夫4岁接触第一把小提琴时，就展现出了过人的天赋。不过如果他不拿出与天赋成正比的努力，没有每天坚持练习7个小时的琴，也不可能5岁就举办独奏会，10岁就获得"青年维尼亚夫斯基比赛"的第一名，16岁就获得国际大奖。

马克西姆·文格洛夫说："我母亲每天晚上8点回到家，吃完饭之后就开始教我小提琴，一直练到凌晨4点才上床睡觉。对于一个4岁的孩子来说，这简直就是酷刑，但两年后我变成了一名真正的小提琴手。"可见一个人即使再有天赋也不可能随随便便就成功，他们之所以成功恰恰是因为付出了你我都想象不到的努力。

知道自己想要什么，才能少走一些弯路。不过比这更重要的是，你必须为这个目标开始规划并付诸行动。如果没有把目标贯彻到行动中去，那么你和那些没有目标的人并无二致。知道自己想要什么很容易，去实现它却很难，大部分人都是经受不住夜晚的黑暗而最终放弃奋斗到黎明，这不得不说是他们的遗憾。

03

十年前,我确定自己未来发展方向的时候完全是出于本心。

当时我经济上正青黄不接,眼下最重要的事情就是找一份可以养活自己的工作。后来我在一家小广告公司找了一份文员的工作,每天的生活琐碎而且疲惫,经常会对未来产生迷茫和动摇,不知道自己到底能坚持多久。

老实说,一开始我特别痛苦,因为还未找到梦想和现实之间的平衡,总觉得自己很委屈,渴望一心一意追求自己的梦想,却又不得不妥协于现实,心里特别迷茫。

好在我慢慢认清了现实,转变了思路,知道自己不过只是一个空有目标的小丫头,知道一个人不论想做什么事情,都得拿出成果,用事实说话,不行动的结果只能是无休止地抱怨。

于是渐渐地,我摆正了自己的心态,在现实和梦想之间找到了平衡。那时的我只是一个出卖劳动力的打工仔,上班的时候我就把自己的工作用心做好,晚上回家,我就可以尽情去做我作家的美梦,看书写作,不亦乐乎。心态好了之后,我整个人也轻松了很多,不论遇到什么样的挫折和不愉快,也都能够平静地对待。

一个人丰富的阅历终究会变成他的资本,开拓他的视野,这都是为自己宏伟蓝图添砖加瓦的修行。丰富的社会经验会让一个人沉淀得更厚重。不论你在做什么，只要是积极向上的，都是在为自己的未来做积累，现在积累的经验财富都将成为你未来翱翔的翅膀。

也许今天的你还没有什么想法，你也没好好考虑过十年后想成为什么样的人，这都没关系，你只要不让时间虚度就好。不论你是在上学还是已经参加工作，也不论你如今是否一无所有，都不要放弃当下。在学习的时候好好珍惜学习的机会，在工作的时候努力工作，空闲的时间里少搞一些毫无意义、铺张浮华的聚会，多学习点儿新的技能和知识，为自己的未来积攒足够的支撑。就算你搞不清楚自己要什么，如果你这样坚持下去，十年后的你至少会比今天的自己优秀百倍，因为你积累的厚度终将决定你未来发展的高度。

不要迷茫，不要踟蹰不前，多问问自己，十年之后，你将会怎样？

为平凡生活付出努力就是人生之幸

01

有人跟我说,铜和黄金不是一个价格,所以幸福就有不同的价码。我说,生下来容易,活着很难,是不是我们都不要活了?

也有人跟我说,三十岁,你就应该成熟,四十岁就得严肃。我说,六十岁是不是得哭着等死啊?

当然,这社会上很多人都存在这两种想法。他们认为,贫穷和幸福是相悖的,富裕的人才有资格幸福,没钱的时候,你就应该苦哈哈地低头努力,不要微笑,微笑是富人的特权。他们认为吃五块钱的煎饼永远不会比吃几十块钱的哈根达斯幸福,心态、性格以及衣着打扮更应该随着年龄的变化而日益成熟、严肃和老派,也就是说,五十岁就应该穿灰色调的衣服,穿十八岁的衣服是一种错,八十岁返老还童更是有悖世俗。

这些思想造成了他们的痛苦。没钱的时候难过压抑，逼迫自己一门心思创收，害怕岁月的流逝，担心年老无爱、幸福缺失。等到有钱了，年龄也大了，那些年轻时的梦想、悸动早已离我们远去，再也回不来了。

其实，他们没有明白，无论什么时候，幸福从来都是自己给自己的。幸福从未偏袒任何人，它永远都在我们身边，每个人都有追求它的权利，每个人也都有幸福的权利。

02

前段时间，和朋友一起户外烧烤的时候，遇见了一个如简大姐一样的老人。从她身上，我看到了岁月留下的痕迹和这些痕迹带来的幸福。

那天阳光甚好，湖光潋滟，湛蓝的天空倒影于水中，形成了水天一色的美景。当时朋友们忙着烧烤，而我正躺在阿拉湖边看书，看的是简大姐的《做你喜欢的事，什么时候都不晚》。

这样平静悠闲的日子，对于一个仍旧奋斗在"逆袭"路上的我来说，一年能有那么一两回，已经是非常奢侈的了。也正因为过不上那种说走就走的生活，所以我更羡慕简大姐的洒脱。

就在这个时候，我耳畔响起了一阵活泼洪亮、底气十足的声音："哇，你也在看这本书啊？这书我前几天刚看完耶！"

就这样，我认识了贝贝奶奶。

贝贝奶奶有着她那个年龄早就丧失的天真和热切，并且紧跟潮流，近七十岁依旧活力四射，玩电脑，建QQ群，吸引了一大批如她一样热爱生活的老人，大家一起徒步旅行，并沿途帮助那些需要帮助的人们。

我注意到她说自己是群主的时候，眼睛是放光的。我也是好几个群的群主，可我从来没有觉得有什么自豪的地方，但是她这个群主却让我觉察到了人生的意义。她的年龄，她乐于奉献的精神，她身上散发的活力以及难以遮掩的幸福香气，都在拷打着我这颗渐渐丧失活力的心。

忽然间，我想到了很多事情，比如年轻和年龄有必然关系吗？五十岁就应该穿很老气的衣服？八十岁就应该死气沉沉？

我一直喜欢穿一些看上去比较幼稚的衣服，我先生总是说我："你都那么大了，能不能不要那么幼稚？"于是我尽量穿很成熟的衣服。我的性格有点"二"，直到现在，有时候走路还喜欢蹦蹦跳跳的，遇到高兴的事更是会欢呼雀跃，我先生也说我："你都那么大了，不怕人笑话吗？"于是我学着严肃。

可在贝贝奶奶身上，我看到了自由。一个人是什么样的性格就是什么样的性格，不必拘泥于年龄的限制，也不必刻意掩饰自己，这样会活得很累。活出真我，才能自得其所。

谁说三十岁就应该成熟，四十岁就应该严肃？五十岁有二十岁的心态又如何？五十岁穿十八岁的衣服又如何？自己喜欢就好。如果事事都要在乎世人的眼光，事事都要拘泥于世俗的约定，人生就会少了很多自由，那样的人生还有什么意义？

03

黄金和铜的价格虽然不一样，但幸福却是等价的。四五十块钱的瓷砖和两百块的瓷砖功能是一样的，金碗和铜碗也是一样用来盛饭的。谁说铜碗盛的饭就没有黄金碗的香？学会感知自己已有的幸福比什么都重要。

幸福是洒在自己身上的香水，你幸福了，你的家人以及你周围的人都能受到感染，而你自己也会过得更舒坦。若自己不幸福，你也会把你的情绪传递给身边的人。分享幸福，你就会得到两份幸福。

那天，贝贝奶奶还跟我说了她的很多事。

贝贝奶奶是20世纪70年代来云南的，她的丈夫是一位普通的地质工人，当年响应国家地质工作来到彩云之南，她作为家属随行。可天有不测风云，她的丈夫在她四十岁的时候因病故去，几年之后，唯一的女儿也遭遇不幸，现在就剩下她一个人。

丈夫和女儿临终前都和她说，希望她代他们好好活下去，多看看这个世界。为了他们的愿望,她必须让自己坚强起来。

丈夫和女儿去世之后,她的兄弟姐妹都希望她能回老家,可是她挂念长埋于此最亲的两位亲人,她要在这里陪伴着他们。

五十岁的时候,她从伤痛中走了出来,带着他们的遗愿去看这个世界。

现在,她过上了无拘无束的生活,穷游了云南省的每一个县市。这一路上,她认识了很多志同道合的人,也帮助了很多需要帮助的人,自己渐渐忘记伤痛,幸福逐渐回归。

前几年,她还学会了电脑,学会了聊QQ,还建了一个志同道合者的QQ群。成员逐渐增多,队伍越来越壮大,现如今已经有好几百人了。

她和我说,人要过得豁达,看淡物质名利,才能让自己更幸福。

也许有人会说,老年人之所以洒脱是因为他们无欲无求、无牵无挂。

我想说的是,也许现在我们还不能来去无牵挂,我们还很年轻,还必须趁着精力旺盛往前奔,在这么残酷的世界里忍受各种负能量,但贝贝奶奶的这种洒脱精神,不论在什么时候,都值得我们每一个人学习。

物质追求不尽,犹如过眼烟云,只有心安了,放下了,减少了自己的欲望，才能让幸福紧跟在我们身边。

梦想之所以是梦想，是因为它是自由的，没有任何限制，每个人都有权利追求。一旦梦想被欲望占领，让你为了目的不择手段，让你忘记周遭的一切，不要命地往前冲，这样的梦想最终会变成我们的负担。而欲望太多，野心太大，我们就注定幸福不了。幸福往往不是追求的多，而是要求的少。

04

前几天，我听到一个为了追求梦想几乎走火入魔的故事。某小青年的梦想是成为省作协会员，为了早日实现目标，他不谈恋爱、不交朋友，每天不是写作就是看书，除了吃喝拉撒，便再无其他事情，真的是两耳不闻窗外事，仿佛就是一台永不损坏、不需要维修的机器。可是不管他怎么努力，却总是被关在门外。越是被拒绝，他越是执拗：写，一定要写进省作协！时间长了，他的精神已经到了崩溃的边缘。

我当然支持他为了梦想而努力，可当他屏蔽了周遭的一切，闭上眼睛塞住耳朵一门心思去追求一个绝对结果的时候，就已经在自己梦想的道路上设置了一个又一个的路障。追求梦想是幸福的，但为了追求梦想而放弃自己原本应该有的生活绝对是不幸的，生活才是幸福和梦想的载体，它承载了我们的一切。

简大姐说:"我不会把任何事情都想象得很美好,因为我知道人生的每一步都包含着艰难。但我更相信一个人怎么对待生活,生活就会怎么对待他,生活给我们的艰辛能够让我们成长,变得坚强。只要用心生活,用心奉献和付出,种瓜可以得瓜,种豆可以得豆。"

我说:"如果追求梦想的道路让你丧失了对爱的感知能力以及对自我和他人的珍惜能力,那么这条路就是一条不幸福的道路。生活是快乐的,如果不能快乐,你就应该去反思你的当下。欲念太深,注定会影响你的生活质量。"

现在的我依旧做不到如简大姐和贝贝奶奶那么达观和洒脱。我需要背负的东西仍旧很多很多,我必须每天奋斗让我的亲人过上舒适的生活,我也不能任性地来一场说走就走的旅行,不过我仍旧会享受生活的美好,在工作的时候认真工作,出去玩的时候好好地玩。

我希望在老了的时候,也能做一个如贝贝奶奶和简大姐那样的老人,用坚韧达观的心态走完我的一生,温暖自己的同时也温暖别人。

不同时期有不同时期的幸福,你我都应该珍惜现在已有的幸福。